AUSGEWÄHLTE DOKTORDISSERTATIONEN
DER
LEIPZIGER JURISTENFAKULTÄT.

DIE CIVITAS

AUF DEUTSCHEM BODEN

BIS ZUM AUSGANGE DER KAROLINGERZEIT.

EIN BEITRAG ZUR GESCHICHTE DER DEUTSCHEN STADT.

Von

DR. JUR. SIEGFRIED RIETSCHEL.

LEIPZIG,
VERLAG VON VEIT & COMP.
1894.

Nachdruck 1978

Vorwort.

Die vorliegende Abhandlung trägt den Charakter einer Vorarbeit. Sie verdankt ihre Entstehung der Überzeugung, daß ein fruchtbringendes Fortarbeiten auf dem neuerdings viel behandelten Gebiete der deutschen Stadtverfassung nicht möglich ist ohne eine Klarstellung der in der älteren Zeit gegebenen rechtlichen und wirtschaftlichen Grundlagen, auf denen sich später das städtische Wesen aufgebaut hat. Bis jetzt sind die Verhältnisse jener Übergangsperiode, die zwischen dem Untergange der alten römischen Municipalgebilde und dem Entstehen einer deutschen Stadtverfassung liegt, so gut wie unbearbeitet geblieben. Die vorliegende Arbeit versucht einiges zur Aufhellung dieser Verhältnisse beizutragen. Es wird uns das Schicksal der römischen städtischen Gründungen in fränkischer Zeit, die Auflösung der römischen Begriffe und Einrichtungen und das Werden einer neuen Zeit beschäftigen.

Zuletzt benutze ich an dieser Stelle die Gelegenheit, den hochverehrten Herren Professoren, denen ich meine juristische und historische Bildung verdanke, meinen Dank auszusprechen. Insbesondere gilt dieser Dank Herrn Geh. Hofrat Professor Dr. Sohm und Herrn Professor Dr. Arndt, die beide in hohem Grade bei meinen rechtsgeschichtlichen Studien mir Anregung und Förderung haben zuteil werden lassen.

Leipzig, den 30. December 1893.

Der Verfasser.

Inhalt.

Berichtigungen.

S. 20 Z. 20 v. o. l. „ziemlich“ statt „sehr“.
S. 21 Z. 14 v. o. l. „Diöcesaneinteilung“ statt „Diöceseneinteilung“.
S. 25 Z. 2 v. o. l. „Orte“ statt „Orten“.
S. 49 Z. 1 v. o. l. „heißt“ statt „heist“.
S. 61 Z. 2 v. o. l. „bald“ statt „kald“.
S. 61 Z. 13 v. u. Anm. 3 l. „dagegen“ statt „dagen“.
S. 94 Z. 9 v. o. l. „Gerichtsbarkeit“ statt „Gerichtsbarket“.

Verzeichnis der benutzten Literatur.

Abel-Simson, Jahrbücher des fränkischen Reiches unter Karl dem Großen. Bd. I. 2. Aufl. Bd. II. Leipzig 1874, 1876.

Acta Sanctorum. Antwerpen 1643 ff. (cit. AA. SS.)

Analecta Bollandiana. Bd. 1—8. 1882 ff.

Annales Bertiniani ed. Waitz. Hannover 1883.

Annales Fuldenses ed. Kurze. Hannover 1891.

Arnold, Zur Geschichte des Eigentums in den deutschen Städten. Basel 1861.

Arnold, Deutsche Urzeit. 3. Aufl. Gotha 1881.

Arnold, Fränkische Zeit. Hälfte 1, 2. Gotha 1881, 1883.

Arnold, Verfassungsgeschichte der deutschen Freistätte im Anschluß an die Verfassungsgeschichte der Stadt Worms. Bd. I. Hamburg und Gotha 1854.

Baeda, Historia ecclesiastica gentis Anglorum ed. Holder. Freiburg und Tübingen 1882.

Barthold, Geschichte der deutchen Städte u. des deutschen Bürgertums. Tl. I Leipzig 1850.

von Below, Die Entstehung der deutschen Stadtgemeinde. Düsseldorf 1889.

von Below, Zur Entstehung der deutschen Stadtverfassung. (HZ. Bd. 58 (N. F. 22) p. 193 ff., Bd. 59 (N. F. 23) p. 193 ff.)

van den Bergh, Oorkondenboek van Holland en Zeeland. Deel I. Amsterdam 1866.

Bergk, Die Verfassung von Mainz in der römischen Zeit. (Westd. Z. I. 1882 p. 498 ff.)

Berner, Zur Verfassungsgeschichte der Stadt Augsburg. Breslau 1879.

Beyer, Urkundenbuch zur Geschichte der jetzt die preußischen Regierungsbezirke Coblenz und Trier bildenden mittelrheinischen Territorien. Bd. I. II. Coblenz 1860, 1865.

Beyerle, Constanz in fränkischer Zeit. 1883.

Boehmer, Regesta chronologico-diplomatica Karolorum. Frankfurt 1833. (cit. Boehmer.)

Boehmer, Regesta imperii I. Die Regesten des Kaiserreichs unter den Karolingern ed. Mühlbacher. Bd. I. Innsbruck 1889. (cit. Reg.)

Boos, Geschichte der Stadt Basel von der Gründung bis zur Neuzeit. I. Basel 1878.

Bouquet, Recueil des histoires des Gaules et de la France. 23 Tom. Paris 1738 ff.

Bresslau, Handbuch der Urkundenlehre für Deutschland und Italien. Bd. I. Leipzig 1889.
Brunner, Deutsche Rechtsgeschichte. Bd. I. II. Leipzig 1887, 1892.
Burckhardt-Biedermann. Helvetien unter den Römern. Basel 1886.

Calmet, Histoire ecclesiastique et civile de Lorraine. Tom. I. Nancy 1728.
Canisius, Lectiones Antiquae. Tom. II. Neue Ausgabe von Basnage. Antwerpen 1725.
Chénon, Étude historique sur le defensor civitatis. (Nouvelle Revue historique de droit français 1889 p. 321 ff., p. 515 ff.)
Codex Justinianus recog. Krueger. (Corpus juris civil. vol. II.) Berlin 1888.
Codex principis olim Laureshamensis abbatiae diplomaticus. 3 Tom. Mannheim 1768—1770. (cit. C. d. Laur.)
Conciliorum Galliae tam editorum quam ineditorum collectio. Tom. I. Paris 1789.
Constant, Epistolae Romanorum pontificum. Paris 1721.
Corpus inscriptionem latinarum. Berlin 1863 ff. (cit. CIL.)

Dahn, Deutsche Geschichte. Bd. I. 1, 2. Gotha 1883, 1888.
Damas, Beiträge zur Geschichte der deutschen Städte zur Zeit der fränkischen Kaiser. Breslau. Diss. 1879.
Doering, Beiträge zur ältesten Geschichte des Bistums Metz. Innsbruck 1886.
Dronke, Cod. dipl. Fuldensis. Cassel 1850.
Ducange, Glossarium mediae et infimae latinitatis. 7 Tom. Paris 1840—1850.
Duchesne, Mémoire sur l'origine des diocèses épiscopaux dans l'ancienne Gaule. Paris 1890.
Dümmler, Piligrim von Passau und das Erzbistum Lorch. Leipzig 1854.
Dümmler, Geschichte des ostfränkischen Reiches. 2. Aufl. 3 Bde. Leipzig 1887, 1888.

von Eckhardt, Commentarii de rebus Franciae orientalis et episcopatus Wirzeburgensis. 2 Tom. Würzburg 1729.
Eichhorn, Ueber den Ursprung der städischen Verfassung in Deutschland. (Zeitschr. f. geschichtl. Rechtsw. Bd. I. Heft II. Berlin 1815 p. 147 ff., Bd. II. Heft II. Berlin 1816 p. 165 ff.)
Ennen u. Eckertz, Quellen zur Geschichte der Stadt Köln. Bd. I. Köln 1860.
Ennen, Geschichte der Stadt Köln. Bd. I. Köln u. Neuss 1863.

Ficker, Beiträge zur Urkundenlehre. 2 Bde. Innsbruck 1877, 1878.
Flach, Les origines de l'ancienne France. Tom. II. Les origines communales. Paris 1893.
Forcellini, Totius latinitatis lexicon ed. De-Vit Prato. 1858 ff. — ed. Corradini. Padua 1864 ff.
Förstemann, Altdeutsches Namenbuch. Bd. II. Ortsnamen. Neue Bearbeitung. Nordhausen 1871.
Friedberg, Lehrbuch des katholischen und evangelischen Kirchenrechts. 3. Aufl. Leipzig 1889.
Friedrich, Kirchengeschichte Deutschlands. Th. I. II. Hälfte I. Bamberg 1867, 1869.
Fustel de Coulanges, L'alleu et le domaine rural pendant l'époque Mérovingienne. Paris 1890. (Histoire des institutions politiques de l'ancienne France.)
Fustel de Coulanges, La Gaule Romaine. Paris 1891. (Histoire des institutions politiques de l'ancienne France.)

Gaupp, Ueber deutsche Städtegründung, Stadtverfassung und Weichbild im Mittelalter. Jena 1824.
Gebhardt, Handbuch der deutschen Geschichte. Bd. I. Stuttgart 1891.
Gelpke, Kirchengeschichte der Schweiz Bd. I. II. Bern 1856, 1861.
Gemeiner, Reichsstadt Regensburgische Chronik. Regensburg 1800.
Gemeiner, Ueber den Ursprung der Stadt Regensburg und aller alten Freistädte. Regensburg 1817.
Gengler, Beiträge zur Rechtsgeschichte Bayerns. Heft I. Die altbayerischen Rechtsquellen aus der vorwittelsbachischen Zeit. Erlangen und Leipzig 1889.
Gengler, Deutsche Stadtrechtsaltertümer. Erlangen 1882.
Gfrörer, Verfassungsgeschichte von Regensburg. Stadtamhof 1882.
Glück, Die Bistümer Noricums, besonders das lorchische, zur Zeit der römischen Herrschaft. (WSB. VII. p. 60 ff.)
Goertz, Mittelrheinische Regesten. 4 Bde. Coblenz 1876.
Gothein, Wirtschaftsgeschichte des Schwarzwaldes. Bd. I. Straßburg 1892.
Graff, Althochdeutscher Sprachschatz. 6 Teile. Berlin 1834—1842.
Grandidier, Histoire de l'église et des évêques-princes de Strassbourg. Tome I. II. Strassbourg 1776—1778.
Grimm, Deutsche Grammatik. T. II. Göttingen 1826.
Grimm, Deutsches Wörterbuch. Leipzig 1854 ff.
Guérard, Essai sur le système des divisions territoriales de la Gaule. Paris 1832.
Guizot, Histoire de la civilisation en France. Leçon 16—19. Paris 1828—1830.

Hahn, Jahrbücher des fränkischen Reichs 741—752. Berlin 1863.
Hauck, Kirchengeschichte Deutschlands. Bd. I. II. Leipzig 1887, 1890.
Hefele, Conciliengeschichte. Bd. I—VI. 2. Aufl. Freiburg 1873—1879.
Hegel, Zur Geschichte und Verfassung der Stadt Augsburg in: Die Chroniken der schwäbischen Städte. Augsburg. Bd. I. Leipzig 1865 p. 1 ff. (cit. Hegel, Augsburg.)
Hegel, Zur Geschichte und Verfassung der Stadt Cöln in: Die Chroniken der niederrheinischen Städte. Cöln. Bd. I. Leipzig 1875 p. 1 ff. (cit. Hegel, Cöln.)
Hegel, Verfassungsgeschichte von Mainz in: Die Chroniken der mittelrheinischen Städte. Mainz. Bd. II. Abt. II. Leipzig 1882. (cit. Hegel, Mainz.)
Hegel, Zur Geschichte und Verfassung der Stadt Straßburg in: Die Chroniken der oberrheinischen Städte. Straßburg. Bd. I. Leipzig 1870 p. 1 ff. (cit. Hegel, Straßburg.)
Hegel, Kritische Beiträge zur Geschichte der deutschen Städteverfassung. Allgemeine Monatsschrift für Wissenschaft und Literatur (Kieler Monatsschrift). Braunschweig 1854.
Hegel, Geschichte der Städteverfassung von Italien. 3 Bde. Leipzig 1847.
Hegel, Lateinische Wörter und deutsche Begriffe. (NA. Bd. 18 p. 209 ff.)
Hellwig, Deutsches Städtewesen zur Zeit der Ottonen. Breslauer Diss. 1875.
Hellwig, Handel und Gewerbe der deutschen Städte in der sächsischen Kaiserzeit. Göttingen 1882. (Progr.)
Hettner, Das römische Trier. (Verhandlungen der 34. Philologenversammlung in Trier 1879.)
Heusler, Der Ursprung der deutschen Städteverfassung. Weimar 1872.
Heusler, Verfassungsgeschichte der Stadt Basel im Mittelalter. Basel 1860.
Hinschius, System des katholischen Kirchenrechts. Berlin 1869 ff.

Histoire de Metz. Tome IV. Preuves Tome I. Nancy 1781.
Hontheim, Historia Trevirensis diplomatica et pragmatica. T. I. Augsburg 1750.
Huber, Geschichte Österreichs. Bd. I. Gotha 1885.
Hübner, Römische Herrschaft in Westeuropa. Berlin 1890.
Hüllmann, Städtewesen des Mittelalters. 4 Bde. Bonn 1826—1829.
Graf Hundt, Die Urkunden des Bistums Freising aus der Zeit der Karolinger. (Abhdl. der Münchener Akademie 13, I. p. 1.)

Jacobs, Géographie de Grégoire de Tours, de Frédégaire et de leurs continuateurs. (Chez: Grégoire de Tours et Frédégaire. Traduction de M. Guizot. Tome II. Paris 1862 p. 247 ff.)
Jaffé, Bibliotheca rerum Germanicarum. 6 Bde. Berlin 1864—1873.
Jaffé, Regesta pontificum Romanorum. 2. Aufl. 2 Bde. Leipzig 1881—1888.
von Inama-Sternegg, Deutsche Wirtschaftsgeschichte. Bd. I. Leipzig 1879.
Indiculus Arnonis und Breves Notitiae Salzburgenses ed. Keinz. München 1869.
Jung, Die romanischen Landschaften des römischen Reiches. Innsbruck 1881.
Jung, Römer und Romanen in den Donauländern. Innsbruck 1877.

Kaemmel, Die Anfänge deutschen Lebens in Östreich bis zum Ausgange der Karolingerzeit. Leipzig 1879.
Klipffel, Étude sur le régime municipal gallo-romain. (Nouvelle revue historique de droit français, année 1878 p. 554 ff., année 1879 p. 171 ff., 275 ff., 371 ff., 571 ff.)
Koehne, Der Ursprung der Stadtverfassung in Worms, Speier und Mainz. Breslau 1890.
Kruse, Verfassungsgeschichte der Stadt Straßburg. 1884. (Westdeutsche Zeitschrift. Ergänzungsheft I. p. 70 ff.)
Kuhn, Die städtische und bürgerliche Verfassung des römischen Reiches bis auf die Zeiten Justinians. 2 Teile. Leipzig 1864, 1865.
Kuntze, Die deutschen Stadtgründungen oder Römerstädte und deutsche Städte im Mittelalter. Leipzig 1891.

Lacomblet, Urkundenbuch für die Geschichte des Niederrheins. Bd. I. Düsseldorf 1840.
Landau, Die Territorien in Bezug auf ihre Bildung und ihre Entwickelung. Hamburg und Gotha 1854.
Liebe, Die communale Bedeutung der Kirchspiele in den deutschen Städten. Berlin 1885.
Loening, Geschichte des deutschen Kirchenrechts. Bd. I. II. Straßburg 1878.
Longnon, Géographie de la Gaule au VIième siècle. Paris 1878.

Maassen, Geschichte der Quellen und der Literatur des canonischen Rechts im Abendlande. Bd. I. Graz 1870.
Mabillon, Acta sanctorum ordinis S. Benedicti. Paris 1668 ff.
Mansi, Sacrorum conciliorum nova et amplissima collectio. Florenz 1759 ff.
Marquardt, Römische Staatsverwaltung. 2. Aufl. Bd. I. Leipzig 1881.
Martène et Durand, Veterum scriptorum et monumentorum amplissima collectio. 9 vol. Paris 1724—33.
Maurer, Über die bayrischen Städte und ihre Verfassung unter der römischen und fränkischen Herrschaft. München 1829.
Maurer, Einleitung zur Geschichte der Mark-, Hof-, Dorf- und Stadtverfassung und der öffentlichen Gewalt. München 1854.

Maurer, Geschichte der Markenverfassung in Deutschland. 4 Bde. Erlangen 1869—1873.

Maurer, Geschichte der Fronhöfe, der Bauernhöfe und der Hofverfassung in Deutschland. 4 Bde. Erlangen 1862—1863.

Maurer, Geschichte der Dorfverfassung in Deutschland. 2 Bde. Erlangen 1865—1866.

Maurer, Geschichte der Städteverfassung in Deutschland. 4 Bde. Erlangen 1869—1873.

Meichelbeck, Historia Frisingensis. Tom. I. Augsburg 1724.

Mieris, Groot Charterboek der Graaven van Holland, Zeeland en Heeren van Vriesland. Deel I. Leyden 1753.

Mitteilungen zur vaterländischen Geschichte. Neue Folge. St. Gallen 1869 ff. (cit. Mitt. z. vaterl. Gesch.)

von **Mohr**, Codex diplomaticus ad historiam Raeticam. Bd. I. Chur 1848.

Mommsen, Die Schweiz in römischer Zeit. (Mitteil. der antiquar. Gesellsch. in Zürich. Bd. IX. 1856.)

Mommsen, Die römischen Lagerstädte. (Hermes Bd. VII. Berlin 1873 p. 299 ff.)

Mommsen, Römische Geschichte. Bd. V. Berlin 1885.

Mommsen, Römisches Staatsrecht. Bd. I. II. 3. Aufl. Bd. III. Leipzig 1887, 1888.

Monumenta Boica. 44 vol. München 1763—1883.

Monumenta Germaniae historica inde ab a. C. 509 usque ad a. 1500 ed. G. H. Pertz. Hannover 1826 ff. (cit. MG.) — Scriptores = SS.; Leges = LL.; Diplomata = DD.; Epistolae = Ep.; Auctores Antiquissimi = AA.

Möser, Osnabrückische Geschichte. 3. Aufl. T. I. Berlin u. Stettin 1819.

Müllenhoff, Germania antiqua. Berlin 1873.

Müllenhoff u. Scherer, Denkmäler deutscher Poesie und Prosa. 3. Ausg. Berlin 1892.

Nachrichten von dem Zustande der Gegenden und Stadt Juvavia. Salzburg 1784. (cit. Juvavia.)

Nithardi Historiarum libri IV ed. Pertz. 2. ed. Hannover 1870.

Nitzsch, Ministerialität und Bürgertum im 11. und 12. Jahrhundert. Leipzig 1859.

Oelsner, Jahrbücher des fränkischen Reiches unter König Pippin. Leipzig 1871.

Oesterley, Historisch-geographisches Wörterbuch des deutschen Mittelalters. Gotha 1883.

Oesterley, Wegweiser durch die Literatur der Urkunden-Sammlungen. Tl. I. Berlin 1885.

Pardessus, Diplomata Chartae Epistolae Leges. 2 Tom. Paris 1843, 1849.

Peucker, Das deutsche Kriegswesen der Urzeiten. Tl. II. Berlin 1860.

Pez, Scriptores rerum Austriacarum. 3 Tom. Leipzig 1721—1745.

Pez, Thesaurus anecdotarum novissimus. Tom. I. Augsburg 1721.

Philippi, Osnabrücker Urkunden-Buch. Bd. I. Osnabrück 1892.

Planta, Das alte Raetien. Berlin 1872.

Quellen zur Schweizer Geschichte. Bd. III. Die ältesten Urkunden von Allerheiligen in Schaffhausen, Rheinau und Muri. Basel 1883.

Quix, Codex diplomaticus Aquensis. Aachen 1840.

Rathgen, Die Entstehung der Märkte in Deutschland. (Straßb. Diss.) Darmstadt 1881.
Rau, Regimentsverfassung von Speyer. 2 Hefte. 1844, 45.
Reginonis abbatis Prumensis chronicon ed. Kurze. Hannover 1890.
Remling, Urkunden-Buch zur Geschichte der Bischöfe zu Speyer. Bd. I. Speyer 1852.
Rettberg, Kirchengeschichte Deutschlands. 3 Bände. Göttingen 1848.
Reynouard, histoire du droit municipal en France. 2 Tom. Paris 1829.
von Richthofen, Zur Lex Saxonum. Berlin 1868.
Ried, Codex chronologico-diplomaticus episcopatus Ratisbonensis. Tom. I. Regensburg 1816.
Riezler, Geschichte Bayerns. Bd. I. Gotha 1878.
Roth, Kozroh's, Mönches von Freising, Renner. 2 Hefte. München 1854.

Sauer, Nassauisches Urkundenburch. Bd. I. Abt. I. Wiesbaden 1885.
Sauerland, Die Immunität von Metz von ihren Anfängen bis zum Ende des elften Jahrhunderts. Metz 1877.
von Savigny, Geschichte des römischen Rechts im Mittelalter. 2. Ausg. Bd. I. II. Heidelberg 1834.
Schaab, Geschichte der Stadt Mainz. 2 Bde. Mainz 1841, 1844.
Schannat, Historia episcopatus Wormatiensis. 2 Tom. Frankfurt 1734.
Schaube, Zur Entstehung der Stadtverfassung von Worms, Speyer u. Mainz. Breslau 1892.
Schmidt, Urkundenbuch des Hochstifts Halberstadt und seiner Bischöfe. T. I. 1883.
Schmoller, Straßburgs Blüte und die volkswirtschaftliche Revolution im XIII. Jahrhundert. Straßburg 1875.
Schoop, Verfassungsgeschichte der Stadt Trier. 1884. (Westd. Zeitschr. Ergänzungsheft I. p. 70 ff.)
Schröder, Deutsche Rechtsgeschichte. Leipzig 1889.
Schwarz, Anfänge des Städtewesens in den Elb- und Saale-Gegenden. Kiel 1892.
Sickel, Acta regum et imperatorum Karolinorum digesta et enarrata. 2 T. Wien 1867, 1868.
Simson, Jahrbücher des fränkischen Reiches unter Ludwig dem Frommen. 2 Bde. Leipzig 1874, 1876.
Sinnacher, Beyträge zur Geschichte der bischöflichen Kirche Säben und Brixen in Tyrol. Bd. I. Brixen 1821.
Sloet, Oorkondenboek der Graafschappen Gelre en Zutfen. Gedeelte I. 's Gravenhage 1872.
Sohm, Die Entstehung des deutschen Städtewesens. Leipzig 1890.
Sohm, Die fränkische Reichs- und Gerichtsverfassung. Weimar 1871.
Stälin. Wirtembergische Geschichte. Stuttgart u. Tübingen 1841.
Steinmeyer und Sievers. Die althochdeutschen Glossen. Bd. I. II. Berlin 1879, 1882. (cit. Gl.)

Trouillat, Monuments de l'histoire de l'ancien évêché de Bâle. Tome I. Porrentruy 1852.
Tardif, Monuments historiques. Cartons des rois. Paris 1866.

Urkundenbuch der Stadt Basel. Bd. I. ed. Wackernagel und Thommen. Basel 1890. (cit. UB. Basel.)
Urkundenbuch des Landes ob der Enns. Bd. I. II. Wien 1852, 1856.

Urkundenbuch der Reichsstadt Frankfurt ed. Boehmer. Frankfurt 1836. (cit. C. d. Moenofr.)
Urkunden zur Geschichte der Stadt Speyer ed. Hilgard. Strassburg 1885. (cit. UB. Speyer.)
Urkundenbuch der Stadt Strassburg. Bd. I. ed. Wiegand. Strassburg 1879. (cit. UB. Strassburg.)
Urkundenbuch der Stadt Worms ed. Boos. Bd. I. II. Berlin 1886, 1890. (cit. UB. Worms'.)
Urkundenbuch der Stadt und Landschaft Zürich. Bd. I. ed. Escher und Schweizer. Zürich 1888. (cit. UB. Zürich.)

von Veith, Das römische Köln. (Winckelmannsprogramm.) Bonn 1885.
Viollet, Histoire des institutions politiques et administratives de la France. Tom. I. Paris 1890.
Vitae S. Liudgeri ed. Diekamp. (Geschichtsquellen des Bisthums Münster. Bd. IV. 1881.)

Waitz, Jahrbücher des deutschen Reichs unter König Heinrich I. 3. Aufl. Leipzig 1855. (cit. Waitz, Heinrich I.)
Waitz, Deutsche Verfassungsgeschichte. Bd. I. II. 3. Aufl. Kiel 1880, 1882. Bd. III. IV. 2. Aufl. Kiel 1883, Berlin 1885.
Graf Walderdorff, Regensburg in seiner Vergangenheit und Gegenwart. 3. Aufl. Regensburg 1874.
Wartmann, Urkundenbuch der Abtei St. Gallen. T. I. II. Zürich 1863. 1866.
Wattenbach, Deutschlands Geschichtsquellen im Mittelalter. Bd. I. 6. Aufl. Berlin 1893.
Wenck, Hessische Landesgeschichte. Bd. II. Frankfurt u. Leipzig 1789. (Das Urkundenbuch besonders paginiert.)
Wenzelburger, Geschichte der Niederlande. Bd. I. Gotha 1879.
von Wietersheim-Dahn, Geschichte der Völkerwanderung. 2. Aufl. 2 Bde. Leipzig 1880, 1881.
Wilmans, Die Kaiser-Urkunden der Provinz Westphalen. 2 Bde. Münster 1867, 1881.
Wolfram, Kritische Bemerkungen zu den Urkunden des Arnulfklosters. (Jahrbuch der Gesellschaft für Lothr. Geschichte und Alterthumskunde. Jahrgang I. Metz 1889 p. 40 ff.)

Zahn, Codex diplomaticus Austriaco-Frisingensis. Bd. I. Wien 1870. (Font. rer. Austriacarum. II. 31.)
Zahn, Urkundenbuch des Herzogthums Steiermark. Bd. I. Graz 1875.
Zeumer, Ueber den Ersatz verlorener Urkunden im fränkischen Reiche. (Sav. Z. f. R. G. Bd. I. 1880 p. 89 ff.)
Zeuss, Traditiones possessionesque Wizzenburgensis. Speyer 1842.
Zillner, Geschichte der Stadt Salzburg. 2 Bde. Salzburg 1885, 1890.

Kleinere Beiträge und vereinzelte Quellenabdrücke in Zeitschriften oder Sammelwerken sind in die vorhergehende Literaturübersicht nicht aufgenommen worden. Zeitschriften und Gesellschaftsschriften, die öfter und deshalb abgekürzt citiert werden, sind folgende:

Abhandlungen der historischen Klasse der Königl. Bayrischen Academie der Wissenschaften zu München (cit. München. Abh.)

Forschungen zur deutschen Geschichte, herausgegeben von der historischen Commission bei der königlichen Academie der Wissenschaften zu München. Bd. 1 ff. Göttingen 1862 ff. (cit. Forsch.)
Jahrbücher des Vereins von Alterthumsfreunden im Rheinlande. Heft 1 ff. Bonn 1842 ff. (cit. Bonner JB.)
Historische Zeitschrift herausgb. v. Sybel. Bd. 1 ff. München 1859 ff. Neue Folge. Bd. 1 (37) ff. München 1877 ff. (cit. HZ.)
Mitteilungen des Instituts für Oestreichische Geschichtsforschung red. Mühlbacher. Bd. 1 ff. Innsbruck 1880 ff. (cit. MIÖG.)
Neues Archiv der Gesellschaft für ältere deutsche Geschichtskunde. Bd. 1 ff. Hannover 1876 ff. (cit. N. A.)
Nouvelle revue historique de droit français et étranger. Tome 1 ff. Paris. 1877 ff. (cit. N. R. hist. d. droit.)
Revue historique. Tome 1 ff. Paris 1876 ff. (cit. Rev. hist.)
Sitzungsberichte der philosophischen, philologischen und historischen Klasse der k. Bayrischen Academie der Wissenschaften zu München. (cit. MSB.)
Sitzungsberichte der kaiserlichen Academie der Wissenschaften. (philosophisch-historische Klasse.) Wien. (cit. WSB.)
Westdeutsche Zeitschrift für Geschichte und Kunst. Bd. 1 ff. Trier 1882 ff. (cit. Westd. Zeitschr.)
Zeitschrift für Geschichte des Oberrheins. Neue Folge. Bd. 1. ff. Freiburg 1886 ff. (cit. Z. G. Oberrheins N. F.)
Zeitschrift der Savigny-Stiftung für Rechtsgeschichte. German. Abt. Bd. 1 ff. Weimar 1880 ff. (cit. Sav. ZfRG.)

Einleitung.

Lange Jahre hindurch ist die karolingische Zeit das Stiefkind der Forschung auf dem Gebiete des Städtewesens gewesen. Seit den Arbeiten von Maurers[1] ist kein historisches Werk mehr erschienen, das versucht hätte, von dem Begriffe der civitas und den Verhältnissen der civitates während der Herrschaft der Karolinger ein genaueres Bild zu liefern. Die späteren Jahrhunderte, in denen eine Stadtverfassung zur Entwickelung gelangt ist, in denen die Stadt eine kommunale und rechtliche Sonderstellung einnimmt, sind gerade in der letzten Zeit in zahlreichen Arbeiten eingehend behandelt worden. Die Verhältnisse der civitas in der Karolingerzeit aber hat man entweder überhaupt nicht näher berührt oder mit wenigen Worten abgefertigt. Und doch bilden gerade die inneren Verhältnisse der civitates in der älteren Zeit den Schlüssel für viele rechtliche Erscheinungen der späteren Jahrhunderte. Die Keime, aus denen später die Stadt im Rechtssinne entstand, sind zum Teil schon unter den fränkischen Königen vorhanden gewesen.

Die vorliegende Arbeit soll keine erschöpfende Darstellung der rechtlichen, kommunalen und wirtschaftlichen Verhältnisse in den civitates der merovingischen und karolingischen Zeit sein. Eine solche erforderte nicht nur eine vollständige Beherrschung der gleichzeitigen Quellen, sondern auch eine umfassende Bekanntschaft mit den späteren Quellenzeugnissen, mit der Topographie der einzelnen Städte etc. Meine Absicht ist es, die Bedeutung der Worte civitas urbs, castellum etc. zuerst einleitungsweise im römischen und merovingischen Gallien, ferner im deutschen Karolingerreiche festzustellen und sodann, soweit es nach dem Quellenmaterial möglich ist, einzelne besonders wichtige Momente in dem Leben der civitates eingehender zu behandeln.

---

[1] v. Maurer, Über die bayerischen Städte und ihre Verfassung unter der römischen und fränkischen Herrschaft. München 1829. — v. Maurer, Geschichte der Städteverfassung in Deutschland. 4 Bde. Erlangen 1869—73.

Bei dieser Darstellung beschränke ich mich auf die deutschen Gebiete des Karolingerreiches. Meine Grenze ist die Sprachgrenze geblieben. Ob eine civitas zum ost- oder zum westfränkischen Reiche gehörte, war für ihre inneren Verhältnisse gleichgültig. So lange das Königtum noch nicht in die Stadtentwickelung eingegriffen hatte, war das Volk das einzige bewegende und treibende Element derselben. Deshalb erschien eine Scheidung nach der Stammesgrenze, nicht nach der politischen Grenze angebracht. Infolge dessen sind auch die Verhältnisse von Toul und Verdun unberücksichtigt geblieben, während Metz, das bis ins XI. Jahrhundert eine deutsche Stadt war,[1] Berücksichtigung finden mußte. Im Süden war Chur in der Karolingerzeit jedenfalls noch überwiegend romanisch; trotzdem ist auch diese civitas mit besprochen worden. Während die Verbindung mit dem romanischen Süden durch die Alpen sehr erschwert war, konnte nach dem germanischen Norden hin von Chur aus ein reger Verkehr stattfinden. Die Entwickelung der städtischen Verhältnisse nahm deshalb trotz der Verschiedenheit der Sprache in Chur einen ähnlichen Verlauf wie in den benachbarten deutschen Städten.

Das deutsche Gebiet zerfällt aber wiederum in zwei scharf von einander geschiedene Teile, in das ehemals von den Römern besetzte Gebiet links des Rheins und rechts der Donau und in die rein germanischen Gegenden. In dem erstgenannten Gebiete ließen die Germanen viel Römisches bestehen. Die alten Römerstädte, die alten civitates sind zum großen Teil auch in fränkischer Zeit bedeutende wirtschaftliche Centren geblieben. Waren so die civitates ein Charakteristikum der ehemals römischen Länder, so wurden die rein deutschen Gebiete charakterisiert durch die deutsche Burg. Von beiden, von Civitas und Burg, hat die spätere deutsche Stadtentwickelung ihren Ausgang genommen.

Hier soll nur die civitas eine nähere Besprechung finden. Die Burg tritt in der Karolingerzeit noch sehr in den Hintergrund Noch liegt der Schwerpunkt des Reiches in den alten Römergebieten. Erst in der Ottonenzeit hellt sich das Dunkel auf, das bis dahin über den urgermanischen Ländern, über den Ländern der Burg gelegen hat. Eine Darstellung des Wesens der Burg nach den karolingischen Quellen allein wird immer eine lückenhafte sein; erst die ottonischen Quellen geben uns über vieles Aufschluß. Deshalb ist die Burg nicht in den Bereich der vorliegenden Arbeit hineingezogen worden. Nur die altgermanische Burg der vorkarolingischen Zeit hat in einem Exkurse eine kurze Besprechung gefunden.

---

[1] Doering, Beiträge zur ältesten Geschichte des Bistums Metz. Innsbruck 1886 p. 103.

Erstes Kapitel.

Die Civitas in Gallien.

§ 1.

I. Die keltisch-römische Civitas.[1]

1. **Die keltische Völkerschaft wird Stadtgebiet.** Als die Römer ihre Herrschaft in Gallien begründeten, fanden sie eine politische Teilung des Landes in zahlreiche staatlich von einander unabhängige Völkerschaften, in civitates, vor. An diese schon bestehenden nationalen Scheidungen knüpften die Eroberer an bei der Durchführung ihrer Municipalverfassung. In einem der bedeutenderen Orte der Völkerschaft gründete man eine Kolonie, oder man siedelte in ihm den Adel der civitas als ordo an und verlieh das Municipalrecht. Aus der alten Völkerschaft, der keltischen civitas, wurde ein Stadtgebiet, eine civitas im römischen Sinne. In vielen Fällen allerdings konnte die nationale Gliederung nicht völlig berücksichtigt werden. Die Verschiedenheit der Größe der einzelnen Völkerschaften war bisweilen die Veranlassung, daß man mehrere kleine Völkerschaften zu einer civitas vereinigte oder andererseits eine besonders große Völkerschaft in mehrere civitates zerlegte.[2]

---

[1] Vgl. von französischen Werken: Klipffel, Étude sur le régime municipal gallo-romain. (Nouvelle revue historique de droit français et étranger, année 1878 p. 554 ff., année 1879 p. 171 ff., 275 ff., 371 ff., 571 ff.) — Fustel de Coulanges, La Gaule Romaine. Paris 1891 (revue par Camille Jullian) (in: Histoire des institutions politiques de l'ancienne France). — Viollet, Histoire des institutions politiques et administratives de la France. Tome I. Paris 1890 p. 117 ff. — Flach, Les origines de l'ancienne France. Tome II.: Les origines communales. Paris 1893 p. 213 ff. — Von deutschen Werken sind hervorzuheben: Marquardt, Römische Staatsverwaltung. 2. Aufl. Bd. I. Leipzig 1881 p. 1 ff. — Kuhn, Die städtische und bürgerliche Verfassung des Römischen Reiches bis auf die Zeiten Justinians. Teil II. Leipzig 1865 p. 407 ff. — Jung, Die romanischen Landschaften des Römischen Reiches. Innsbruck 1881 p. 206 ff. — Mommsen, Römische Geschichte. Bd. V. Berlin 1885. — Die weitere Literatur ist am besten verzeichnet bei Viollet, a. a. O. p. 146 ff.

[2] Das Gebiet der Carnuten zerfiel in die civitas Aurelianorum (Orleans)

Am Ende des IV. Jahrhunderts hatte die Municipalverfassung über die alte Stammesverfassung einen völligen Sieg davon getragen. Gallien zerfiel um das Jahr 400 in 115 Stadtgebiete (civitates), die sich auf 17 Provinzen verteilten.[1]

In jeder dieser civitates bildete die Stadt, die civitas im engeren Sinne, meistens urbs genannt, den politischen Mittelpunkt. Eine Stadt nach Art des mittelalterlichen deutschen Rechtes war sie nicht. Der deutschrechtliche Unterschied zwischen Stadt und Land ist den Römern immer unbekannt geblieben. Auch unter den freien Bewohnern des umliegenden Landes waren vollberechtigte Bürger der civitas, die Stadt selbst bildete kein eigenes Gemeinwesen, sie war nur der Centralpunkt eines größeren Gemeinwesens, der civitas, deren Beamten in ihr ihren Sitz hatten. Es ist hier nicht auf die Beamten der Municipalverfassung, die curia, die duumviri und quatuor viri, den defensor civitatis etc. genauer einzugehen. Dieselben sind nach dem Untergange des Römerreiches in Gallien bis auf wenige Reste, auf deutschem Boden vollständig verschwunden.[2]

Was sich dagegen auch in den Schriften der deutschen Lateinschreiber erhalten hat, das sind die römischen Ortsbezeichnungen, die Worte civitas, urbs, oppidum etc. Nur wenn wir uns die Bedeutung derselben in römischer Zeit vergegenwärtigen, werden wir die Wandlungen verstehen, die diese Bezeichnungen in den folgenden Perioden durchzumachen hatten.

2. **Die Bedeutung der römischen Ortsbezeichnungen.**[3] Mit civitas wurde von den Römern bezeichnet zunächst das municipale Recht selbst, ferner die nach diesem Municipalrechte in der ummauerten Stadt und in dem attribuierten Gebiete lebende organisierte Gemeinde, endlich im übertragenen Sinne das Stadtgebiet. Wie schon oben bemerkt wurde, zerfiel Gallien in 115 solche civitates. Neben diesen älteren Bedeutungen kennt aber die Kaiserzeit noch eine andere. Bisweilen wird nämlich civitas gebraucht zur Bezeichnung des ummauerten Vorortes der civitas, der eigentlichen Stadt, in der sich das municipale Leben abspielte.

---

und die civitas Carnotum (Chartres), das der Nervier in die civitas Cameracensium (Cambrai) und die civitas Tornacensium (Tournai), das der Senonen in die civitas Senonum (Sens) und die civitas Autissiodorum (Auxerre) u. s. w. Besonders in der Provincia Narbonensis wurden die Völkerschaften aufgeteilt, oft in 4 und mehr civitates, vgl. Kuhn, a. a. O. p. 409.

[1] Dieselben sind verzeichnet in der zwischen 390 und 413 entstandenen sogenannten Notitia Galliarum (neu herausgegeben von Mommsen 1892 in: MG. AA. Tom. IX. Chronica minora saec. IV. V. VI. VII. vol. I. p. 552 ff.).

[2] Siehe unten Seite 20.

[3] Über das Folgende vgl. außer den oben Seite 17 Anm. 1 genannten Werken die Wörterbücher von Forcellini und Georges.

Das Wort, das gewöhnlich die Stadt bedeutete, war urbs; doch findet es sich in der späteren Kaiserzeit auch schon vereinzelt zur Bezeichnung des Stadtgebietes. Vielfach wird das Wort urbs beschränkt auf die größeren Städte, besonders die Hauptstädte (Rom z. B. ist die urbs). Die kleineren Städte heißen dann im Gegensatz dazu municipia oder oppida. Andererseits werden manchmal kleinere Städte, ja sogar befestigte Orte ohne Municipalverfassung als urbes aufgeführt. Meistens heißt aber, wie gesagt, urbs der Vorort der civitas.

In den beiden ersten Jahrhunderten der Kaiserzeit hatten die Worte colonia und municipium einer rechtlichen Verschiedenheit der einzelnen civitates unter einander Ausdruck verliehen. Seit Caracalla war diese Verschiedenheit verschwunden, und zugleich hatten auch die beiden Worte ihre eigentümliche technische Bedeutung verloren. Das Wort colonia wurde als Ortsbezeichnung von nun an nicht mehr gebraucht, während municipium jede urbs genannt wurde, gleichgültig ob sie früher ein wirkliches municipium oder eine colonia gewesen war. Bisweilen heißen municipia die kleineren Städte, im Gegensatz zu den urbes, den Hauptstädten.

Das Wort für jede ummauerte Ortschaft, gleichgültig ob sie Vorort einer civitas war oder nicht, ist oppidum. Bisweilen bedeutet es einen kleinen ummauerten Ort im Gegensatz zur urbs.

Vom oppidum unterschied sich das castrum durch seine militärische Bedeutung. Beide waren ummauerte Orte; während aber beim oppidum der Begriff der bewohnten Ortschaft vorherrschte, überwog beim castrum der Gesichtspunkt der Festung. Es war ein Mittelpunkt des militärischen Lebens, nicht des bürgerlichen. Darum steht es in entschiedenem Gegensatze zur civitas.

Weitaus die meisten Ortschaften im römischen Gallien waren offene, aus einer Anzahl von selbständigen Haushaltungen bestehende ländliche Ansiedlungen, Dörfer in unserem Sinne, von den Römern vici[1] genannt. Auch die Dörfer hatten ähnlich wie die Städte ihr Gebiet, das einen Teil der civitas bildete, sowie ihre eigene Gemeindeverfassung.[2] Der Name für dieses Dorfgebiet war pagus; ausnahmsweise wird damit das Dorf selbst bezeichnet.

Neben der Dorfansiedlung fehlte im römischen Gallien auch

---

[1] Ursprünglich bezeichnete das Wort vicus ein Stadtviertel oder auch eine Strasse. Ein Wort, das völlig unserem „Dorf" entspricht, hatten die Römer nicht, da ihnen die Dorfansiedelung in unserem Sinne unbekannt war. Erst als dem römischen Reiche Gebiete einverleibt wurden, in denen eine Dorfverfassung herrschte, wurde vicus das Wort für „Dorf".

[2] Über die gallisch-römische Dorfverfassung vgl. Klipffel, a. a. O. année 1879 p. 279 ff. — Flach, a. a. O. p. 36 ff.

2*

nicht die in Italien herrschende, echt römische Ansiedlung in „villae", in großen Domänen, die aus dem Herrenhause, den Wirtschaftsgebäuden, den Sklavenhäusern, den Häusern der Kolonen etc. bestanden. Doch bildete in Gallien die Dorfansiedlung die Regel.[1] In der späteren Zeit wird übrigens der Unterschied zwischen vicus und villa nicht mehr in der alten Strenge aufrecht erhalten.

---

§ 2.

II. Die Civitas im Merovingerreiche.[2]

1. **Das Schicksal der keltisch-römischen civitas.** Im V. Jahrhundert brach die römische Herrschaft in Gallien zusammen, und mit ihrem Untergange verlor auch die römische Municipalverfassung ihren Boden. Die Gauverfassung des fränkischen Reiches, die alle wichtigen öffentlichen Befugnisse dem Grafen und seinen Unterbeamten übertrug, ließ keinen Raum für eine blühende Gemeindeverfassung. Zwar erhielt sich noch in einer Reihe von gallischen Städten, in Clermont, Angers, Tours, Bourges, Sens etc. die alte curia sowie das Amt des defensor civitatis,[3] aber die Befugnisse dieser Behörden waren sehr zusammengeschmolzen. Am Ende der Karolingerzeit sind blos die Namen curia und defensor übrig geblieben als Prunktitel für gräfliche oder bischöfliche Unterbeamte. Trotzdem die fränkische Einwanderung in Nordfrankreich eine sehr spärliche, in den Ländern südlich der Loire eine ganz verschwindende war, ist die fränkische Gauverfassung mit dem Grafen an der Spitze überall in Gallien zur Herrschaft gelangt.

[1] Anderer Ansicht ist Fustel de Coulanges, L'alleu et le domaine rural pendant l'époque mérovingienne. Paris 1890. Dagegen vor allem Flach, a. a. O. p. 27 ff.

[2] Vgl. von französischen Werken: Guérard, Essai sur le système des divisions territoriales de la Gaule. Paris 1832. — Jacobs, Géographie de Grégoire de Tours, de Frédégaire et de leurs continuateurs. (Bei: Grégoire de Tours et Frédégaire. Traduction de M. Guizot. Tome II. Paris 1862 p. 247 ff.) — Longnon, Géographie de la Gaule au VIe siècle. Paris 1878. — Duchesne, Mémoire sur l'origine des diocèses épiscopaux dans l'ancienne Gaule. Paris 1890. (Extrait des Mémoires de la Société nationale des antiquitaires de la France. Tome 50.) — Von deutschen Werken sind zu nennen: Loening, Geschichte des deutschen Kirchenrechts. Straßb. 1878 Bd. I. p. 12 ff., Bd. II. p. 99 ff. — Sohm, Die fränkische Reichs- und Gerichtsverfassung. Weimar 1871 p. 201 ff. — Waitz, Deutsche Verfassungsgeschichte. Bd. II. Abteil. I. 3. Aufl. Kiel 1882 p. 406 ff.

[3] Über die Reste der römischen Municipalverfassung vgl. Chénon, Étude historique sur le defensor civitatis. (Nouv. revue historique de droit français et étranger 1889 p. 321 ff., p. 515 ff.) — Brunner, RG. Bd. II. p. 197 ff. — Flach, Origines p. 227 ff. Die ältere Litteratur zitiert Brunner, l. c.

2. **Civitas und Gau.** Ganz ohne Einfluß auf die fränkische Grafschaftsverfassung ist aber die civitas nicht geblieben. Wie verschieden auch Gau und civitas ihrem ganzen Wesen nach waren, bei der Einteilung des Landes in die verschiedenen Grafschaftsgerichtsbezirke hielt man sich fast genau an die alte Landesgliederung. Der Gau fiel mit der civitas in Gallien räumlich zusammen, ja er führte von nun an auch selbst den Namen civitas.[1] Aber die civitas, an welche die Gaueinteilung anknüpfte, war nicht mehr die altrömische civitas. Eine größere Macht als das sinkende römische Imperium war es, die der civitas einen neuen Gehalt verliehen hatte und die den germanischen Eroberern gegenüber ungebeugt Stand hielt, nämlich die katholische Kirche. Die Stadt, die urbs, war zur bischöflichen Residenz, das Stadtgebiet, die civitas, zur bischöflichen Diöcese geworden, die Diöceseneinteilung wurde die Grundlage der Gaueinteilung.

3. **Die civitas als Bischofsstadt im römischen Reiche.** Die ersten Christengemeinden waren in den Städten entstanden, in den Centralpunkten des municipalen und wirtschaftlichen Lebens. Als die Kirche im Episkopat ihre rechtliche Organisation gefunden hatte, wurde die Stadt der naturgemäße Sitz des Bischofs, die civitas die bischöfliche Diöcese, während die Provinz und die Provinzialhauptstadt (metropolis) Wirkungsgebiet und Sitz des höheren kirchlichen Würdenträgers wurde, der deshalb den Namen Metropolit[2] empfing. Schon in den Canones des Nicänischen Konzils (325) wird das Wort *ἐπαρχία*, das die politische Provinz bezeichnet, für den Gewaltbezirk des Metropolitanbischofs gebraucht, es wird ferner bestimmt, in der *πόλις*, der civitas solle nur ein Bischof sein.[3] Die Synode von Sardica (343) verbot die Einsetzung von Bischöfen in Dörfern und kleinen Städten,[4] die Synode von Laodicea (ca. 360) beschränkte dies Verbot auf die Dörfer.[5] Das vierte ökumenische Konzil von Chalcedon (451) endlich sprach den Grundsatz aus, daß bei der Neuerrichtung einer civitas die kirchliche Ordnung der staatlichen folgen solle. Wird also ein castrum vom Kaiser zur civitas erhoben,

---

[1] Vgl. Waitz, a. a. O. p. 406 ff.

[2] Der Ausdruck *μητροπολίτης* findet sich schon in can. 4. conc. Nicaen. (Hefele, Conciliengeschichte Bd. I. p. 381.)

[3] can. 4. conc. Nicaen.: *τὸ δὲ κῦρος τῶν γινομένων δίδοσθαι καθ' ἑκάστην ἐπαρχίαν τῷ μητροπολίτῃ.* (Hefele, a. a. O. Bd. I. p. 382.) — c. 8. conc. Nicaen.: *ἵνα μὴ ἐν τῇ πόλει δύο ἐπίσκοποι ὦσιν.* (Hefele, a. a. O. Bd. I. p. 408.)

[4] can. 6. conc. Sardic.: *μὴ ἐξεῖναι δὲ ἁπλῶς καθιστᾶν ἐπίσκοπον ἐν κώμῃ τινὶ ἢ βραχείᾳ πόλει.* (Hefele, a. a. O. Bd. I. p. 577.)

[5] can. 57. conc. Laod.: *ὅτι οὐ δεῖ ἐν ταῖς κώμαις καὶ ἐν ταῖς χώραις καθίστασθαι ἐπισκόπους.* (Mansi II. p. 574.)

so soll die ehemalige Dorfkirche einen Bischof erhalten. Das neue politische Centrum wird zugleich der Mittelpunkt einer kirchlichen Diöcese.[1] Daß dieser Grundsatz auch in der kirchlichen Praxis regelmäßig zur Geltung gelangte, sieht man an der oben[2] genannten Notitia Galliarum, dem Verzeichnisse der gallischen civitates. In fast allen diesen 115 civitates lassen sich entweder schon in der Römerzeit oder wenigstens in der ersten Merovingerzeit Bischöfe nachweisen. Von den wenigen civitates,[3] von denen uns kein Bischof erwähnt wird, wissen wir überhaupt nicht viel. Sicherlich waren auch sie Sitze von Bischöfen, und das Fehlen von Nachrichten über dieselben beruht auf einem Zufall. Die Vereinigung der belgischen civitates Arras und Cambrai, Tournai und Vermandois-Noyon, Boulogne und Thérouanne zu je einer Diöcese erfolgte erst im Anfange der Merovingerzeit. Unter der römischen Herrschaft scheint jede dieser civitates eine eigene Diöcese gebildet zu haben.[4] Der Grundsatz: „Keine civitas ohne Bischof“ ist also in Gallien völlig durchgeführt worden. Dagegen nötigte besonders im südlichen Frankreich die Zunahme der Bevölkerung zu einer Teilung der civitates in mehrere Diöcesen. Es entstanden Bischofssitze in Kastellen, ja sogar in offenen Orten. Doch blieb diese Maßregel im ganzen vereinzelt Von offenen Orten läßt sich Toulon als Bischofssitz nachweisen, dessen Bischof auf den Synoden von Orange (441) und Vaison (442) neben den Bischöfen der civitates als Bischof des locus Telonensis[5] aufgeführt wird. Ein besonderer Bischof des portus Nicaensis erscheint auf der Synode von Arles (314).[6] Zwischen 463 und 466 wurde das castellum Nicaense und sein kirchliches Gebiet vom Papst Hilarius mit der Diöcese der civitas Cimiès vereinigt.[7] Endlich erscheint auf der Synode von Vaison (442) neben den Bischöfen der civitates ein Bischof Constantius des oppidum

[1] can. 17. conc. Chalced.: *εἰ δέ τις ἐκ βασιλικῆς ἐξουσίας ἐκαινίσθη πόλις ἢ αὖθις καινισθείη, τοῖς πολιτικοῖς καὶ δημοσίοις τύποις καὶ τῶν ἐκκλησιαστικῶν παροικιῶν ἡ τάξις ἀκολουθείτω.* (Hefele, a. a. O. Bd. II. p. 521.) Ein Widerspruch gegen diese Regel findet sich nie. Dagegen eifert Papst Innocenz I. in einem Briefe an Bischof Alexander von Antiochia vom Jahre 415 gegen den Brauch, bei der Teilung einer Provinz auch den Metropolitanbezirk zu teilen (Coustant p. 850; Jaffé Reg. Pontif. I. n. 310).

[2] Siehe oben Seite 18 Anm. 1.

[3] Es sind die civitas Diablintum, die ihrer Lage nach überhaupt unbekannte civitas Rigomagensium und die civitas Equestrium. Vgl. über die beiden ersten Loening, Bd. I. p. 17 f. Anm. 1, 2 und die daselbst zitierte Literatur. Über die civitas Basiliensium siehe unten Seite 51 f.

[4] Vgl. Loening, Bd. II. p. 106.

[5] Maassen, Geschichte der Quellen und der Litteratur des canonischen Rechts im Abendlande. Bd. I. 1870 p. 952 f.

[6] Conc. Gall. I. p. 104. [7] Conc. Gall. I. p. 616.

Eucesia (Uzès).[1] Vor allem aber werden schon in den ältesten Handschriften der Notitia Galliarum neben den 115 civitates 5 castra und 1 portus[2] genannt, zu denen in anderen gleichfalls auf sehr alte Vorlage zurückgehenden Handschriften noch zwei andere castra[3] kommen. In Übereinstimmung mit Mommsen[4] führe ich die Erwähnung dieser 8 Orte, die nicht civitates waren, darauf zurück, daß der Verfasser der Notitia sie als Bischofssitze der Aufzeichnung für wert hielt. Fünf von ihnen (Châlon, Windisch, Uzès, Macon, Augst) lassen sich thatsächlich teils schon in römischer, teils wenigstens in früher merovingischer Zeit als Bischofssitze nachweisen. Die drei anderen Orte, sämtlich in der Provincia Maxima Sequanorum gelegen, werden in anderen Quellenstellen nicht mehr erwähnt. Bei dem Mangel an Nachrichten über diese Provinz während der Römer- und Merovingerzeit spricht wenigstens nichts dagegen, daß die drei Orte alte Bischofssitze waren.

Fassen wir noch einmal das gefundene Ergebnis kurz zusammen, so ergiebt sich, daß in Gallien am Ende der Kaiserzeit jede civitas Sitz eines Bischofs war, dessen Diöcese regelmäßig zusammenfiel mit der politischen civitas, daß aber bisweilen auch die civitas geteilt war, und einer ihrer Teile, sei es allein, sei es in Verbindung mit Teilen benachbarter civitates eine eigene Diöcese bildete, deren Centralpunkt ein castrum oder gar ein offener Ort war. Es fragt sich: Nahm die fränkische Gaueinteilung ihren Ausgang von der politischen civitas oder von der kirchlichen Diöcese? Wir werden die Frage im letzteren Sinne beantworten. Die alte civitas ging dort, wo sie nicht mit der Diöcese zusammenfiel, unter. Civitas wurde der Name für die Diöcese überhaupt, gleichgültig ob sie in römischer Zeit ein Municipalkörper gewesen war oder nicht.

4. **Die civitas als Bischofsstadt im Merovingerreiche.** Daß die gallischen Synoden den Canon 4 des Nicänischen Konzils wiederholen,[5] daß civitas einerseits und parrochiae, provincia, territorium andererseits regelmäßig gebraucht werden, um den Gegensatz zwischen der Bischofsstadt und der übrigen Diöcese auszudrücken,[6] daß die

---

[1] Maassen, a. a. O. p. 953.

[2] Castrum Cabillonense (Châlon), castrum Vindonissense (Windisch), castrum Ucetiense (Uzès), castrum Ebrodunense, castrum Argentariense, portus Bucini.

[3] Castrum Matisconense (Macon), castrum Rauracense (Augst).

[4] MG. AA. IX. p. 561.

[5] can. 4. conc. Cabill. (639—654), can. 6. conc. Latun. (673—675). (MG. Conc. I. p. 209, 218.)

[6] civitas und parrochiae: can. 2. conc. Vas. (529), can. 15. conc. Arvern. (535), can. 8. conc. Aurel. (549), can. 13. conc. inc. loci (614). (MG. Conc. I. p.

bischöfliche Kirche gradezu als civitatensis ecclesia bezeichnet wird,[1] daß der episcopus civitatis oder urbis illius in den Formelsammlungen ein stehender Ausdruck ist[2] etc., beweist nur, daß ebenso wie in römischer Zeit civitas und Bischofssitz auch in merovingischer Zeit regelmäßig zusammenfielen. Dagegen geht nicht nur das regelmäßige Zusammenfallen, sondern sogar die Identität von civitas und Bischofssitz hervor aus den jüngeren Fassungen der Notitia Galliarum. Während nämlich die älteren Handschriften neben den 115 civitates noch die 7 castella und den einen portus aufführen, erscheinen in den Handschriften, die auf merovingische Vorlagen zurückgehen, nicht nur auch die letztgenannten 8 Orte als civitates, sondern es werden noch mehrere andere in früheren Kastellen gegründete Bischofssitze unter der Bezeichnung civitas hinzugefügt z. B. Nevers, Laon, Maurienne, Carpentras, Elne (später Perpignan), Agde, Maguelonne, Carcassonne. Maurienne wird erwähnt als die civitas Morienna a Guntramno rege Burgundionum constructa.[3] Daß Maurienne von König Guntram ca. 574 zum Bischofssitz erhoben wurde, wissen wir aus einer anderen Quelle,[4] aus der wir auch erfahren, daß der Ort Maurienne schon vorher bestanden hat. Wir werden deshalb unbedenklich den Ausdruck civitatem construere übersetzen können „einen Bischofssitz begründen". In den späteren Handschriften der Notitia also ist jeder Bischofssitz eine civitas. Aus einem Verzeichnisse der römisch-keltischen politischen civitates ist ein Verzeichnis der merovingischen kirchlichen Diöcesen geworden.

In Übereinstimmung mit dem Sprachgebrauche der Notitia steht der des bedeutendsten Schriftstellers der Merovingerzeit, Gregors von Tours.[5] Auch er nennt die Bischofssitze Agde, Carcassonne, Châlon, Macon, Nevers, Nizza, Uzès, sowie den ephemeren Bischofssitz Momociacus civitates oder urbes, obwohl dieselben in römischer

---

56, 69, 103, 195.) — civitas und provincia: can 14. conc. Clipp. (626/27), can. 12. conc. s. Sonnat. ep. Rem. (627—630). (MG. Conc. I. p. 199, 204.) — civitas und territorium: can. 17, 21. conc. Aurel. (538), can. 21. conc. Aurel. (549) etc. (MG. Conc. I. p. 76, 78 f., 107 etc.). Über die verschiedenen Bedeutungen von parrochia vgl. Loening, a. a. O. Bd. II. p. 331. An den angeführten Stellen bedeutet das Wort immer den Sprengel einer Dorfkirche.

[1] can. 21. conc. Aurel. (538). (MG. Conc. I. p. 79.)

[2] Marculf I. 1, 3, 4, 5, 7, 16, 36, II. 1, 4; Form. Turon. Add. 7; Form. Sal. Bign. 23; Form. Sal. Merkel. 56; Form. Paris 1, 2 etc. (MG. Formulae I. p. 40, 43, 44, 45, 48, 53, 66, 72, 77, 162, 236 260, 263, 264 etc.)

[3] MG. AA. IX. p. 600.

[4] Ruinart, Greg. Opp. col. 1342; MG. SS. rer. Merov. I. p. 497 Anm. 1, 3, 5 (zu Gregor liber in gloria martyrum. c. 13); vgl. Longnon, p. 430 f.

[5] Über den Sprachgebrauch Gregors von Tours vgl. besonders Longnon, a. a. O.

Zeit nachweislich nicht Municipalrecht besaßen.[1] Was die von ihm gleichfalls als civitates bezeichneten Orten Maastricht, Zülpich und Deutz betrifft, so war Maastricht Residenz des Bischofs von Tongres. Für Zülpich und Deutz nimmt Longnon das Bestehen von ephemeren Bischofssitzen an. Daß solche ephemere Bischofssitze in der Merovingerperiode vorkamen, beweist das Beispiel von Momociacus. Für wahrscheinlicher halte ich jedoch, daß Gregor sich geirrt hat, als er jene beiden an der Grenze des fränkischen Reichs gelegenen Orte civitates nannte. Als Aquitanier besaß er jedenfalls nur eine ziemlich unvollkommene Kenntnis der austrasischen Verhältnisse.

Dieselbe Bezeichnung aller Bischofsstädte als civitates finden wir auch in den anderen Quellen der merovingischen Periode, den Königsurkunden, den Privaturkunden, den Unterschriften der Konzilienbeschlüsse, den Heiligenleben, endlich auch bei Fredegar und seinen Fortsetzern.[2] Es würde zu weit führen und außerhalb des Rahmens der Arbeit liegen, den Sprachgebrauch jeder einzelnen Quelle zu untersuchen. Kleine Abweichungen vom gewöhnlichen Sprachgebrauch, sei es aus Irrtum, sei es aus Nachlässigkeit, kommen vor. Nie habe ich aber gefunden, daß ein Bischofssitz in merovingischer Zeit castrum oder vicus genannt wird.[3] Ein Zeichen, wie fest die Anschauung, daß jeder Bischofssitz eine civitas sei, durchgedrungen ist, kann man aus der Unterschrift eines englischen Bischofs auf dem Konzile von Paris vom Jahre 614 entnehmen.

[1] Ob Châlon in römischer Zeit Municipalrecht erhalten hat, ist zweifelhaft. Dafür scheint eine Stelle des Sidonius Apollinaris zu sprechen, die Cabillonum ein municipium nennt. (Sidon. epist. lib. IV. 25; MG. AA. VIII. p. 76.)

[2] Über den Sprachgebrauch Fredegars vgl. Jacobs, a. a. O. p. 429 f.

[3] Ich halte den Ort des Concilium Vasense von 529, den vicus Vasensis (MG. Conc. I. p. 41, 55) nicht für identisch mit der civitas Vasensis (Vaison). Abgesehen davon, daß die Bezeichnung einer civitas als vicus sich nirgend anderswo nachweisen läßt, spricht gegen die Identität beider der Umstand, daß unter den vollständig erhaltenen Unterschriften der Beschlüsse des Konzils weder der Name des Bischofs von Vaison noch der Name eines Stellvertreters desselben sich befindet. Auf keinem einzigen der gallischen Konzile fehlt der Ortsbischof mit Ausnahme des Konzils von Orleans (549) (MG. Conc. I. p. 100 ff.), das berufen wurde um den vertriebenen Bischof Marcus von Orleans wieder einzusetzen (Gregor. Turon. V. Patrum. VI. 5; MG. SS. rer. Merov. I. p. 683) und des Konzils von Paris (552), das Bischof Saffaracus von Paris absetzte (MG. Conc. I. p. 116 f.). Eine zufällige Sedisvakanz des Bischofstuhles von Vaison im Jahre 529 kann nicht angenommen werden, da Bischof Aletius von Vaison sowohl vor wie nach dem Jahre 529 erwähnt wird (527, 529, 533, 541) (MG. Conc. I. p. 42, 53, 61, 96). Daß sein Name unter den Unterschriften fehlt, wäre ganz unerklärlich, wenn der vicus Vasensis mit seinem Bischofssitze Vaison identisch wäre. Die Identität ist deshalb mit Recht zu bezweifeln. Wo der vicus Vasensis gelegen hat, läßt sich nicht ermitteln. Jedenfalls ist es ein anderer Ort als die civitas Vasensis.

Trotzdem der Name seines Bischofssitzes Castrum ultra mare denselben als ein einfaches Kastell kennzeichnet, erscheint er unter den Unterschriften als ex civitate castro ultra mare episcopus.[1] Ein Bischof ohne civitas war im merovingischen Gallien undenkbar.

5. **Diöcese und Gau.** An die kirchliche, nicht an die römisch-keltische civitas lehnte sich die Gaueinteilung an. Auch die Diöcesen von Châlon, Macon, Toulon etc., die in der Römerzeit nie civitates waren, wurden fränkische Gaue. Bischof und Graf waren die beiden Mächte, die in der civitas die führende Rolle übernahmen und die alten Municipalbeamten dort, wo sie sich erhalten hatten, in den Hintergrund drängten und zu ihren Untergebenen machten. Allerdings war die Einheit von geistlichem und weltlichem Machtgebiet nicht eine dauernde. Während die Diöcesen in Gallien in den nächsten Jahrhunderten fast unverändert blieben, zersplitterten die Gaue. Die Unterabteilung des alten Gaues, der „kleine Gau", die frühere Hundertschaft wurde zum Gebiete des Grafen. Der neue comitatus umfaßte nur einen Teil der Diöcese, der civitas.[2]

5. **Die Bedeutung der römischen Ortsbezeichnungen im fränkischen Reiche.**[3] Wir haben gesehen, daß in römischer Zeit civitas sowohl zur Bezeichnung des Stadtgebietes als auch der Stadt selbst gebraucht wurde. In entsprechender Weise bedeutet civitas in der Merovingerzeit sowohl die bischöfliche Diöcese als auch die Bischofsstadt, sowohl den damit zusammenfallenden großen Gau als den Hauptort des Gaues. Neu ist aber, daß das Wort urbs von dem Worte civitas überhaupt nicht mehr verschieden ist. Während es in klassischer Zeit regelmäßig nur die Stadt, blos in wenigen Ausnahmefällen ihr Gebiet bezeichnete, bedeutet es in den Quellen der Merovingerzeit ebenso gut die Stadt wie die Diöcese. Das Wort oppidum kommt meist in derselben Bedeutung wie civitas vor, und zwar bezeichnet es die Stadt sowohl wie die Diöcese. Daneben werden aber auch andere größere befestigte Orte ohne Bischof bisweilen oppida genannt, ebenso wie in römischer Zeit das Wort oppidum nicht auf die Municipalvororte beschränkt war. Castra oder castella heißen alle befestigten Orte, die keinen Bischof haben. Der Ausdruck castellum scheint im Gebrauche zu überwiegen.[4] Municipium ist in der Merovingerzeit ein seltenes Wort geworden. Es fehlt fast ganz in der einfacheren Urkundensprache und findet sich etwas häufiger nur in dem schwülstigen Latein derjenigen mero-

[1] MG. Conc. I. p. 192.

[2] Über die Entstehung des pagus minor, sein Zusammenfallen mit der Dekanie u. s. w. vgl. besonders Sohm, a. a. O. p. 201 ff.

[3] Vgl. Longnon, p. 7 ff.; Jacobs, p. 270 ff.

[4] Aus castellum ist auch das französische château entstanden.

vingischen Schriftsteller, die mit Vorliebe dem Volksmunde fremd gewordene Ausdrücke anwenden. Das Wort ist bei ihnen gleichbedeutend mit oppidum. Die Worte villa und vicus endlich werden bei Gregor noch streng unterschieden. Villa ist die Domäne, vicus das Dorf. Andere Schriftsteller, z. B. schon der im V. Jahrhundert lebende Rutilius Numatianus machen zwischen beiden Bezeichnungen keinen Unterschied mehr. War es doch im Einzelfalle oft ziemlich schwer zu entscheiden, ob ein Ort eine villa oder ein vicus war. Ein anderes bei Gregor öfters für den Einzelhof vorkommendes Wort ist domus. Die farblose Bezeichnung locus findet sich sehr häufig, sie wird meist nur für ländliche Ansiedelungen (vici oder villae) angewandt.

Am besten wird die Verschiedenheit der Ansiedelungsformen klar gestellt durch folgendes Schema:

1. Befestigte Orte:
   a. mit Bischofssitz (civitates, urbes, meist auch oppida, municipia),
   b. ohne Bischofssitz (castra, castella, seltener oppida, municipia).
2. Offene Orte (loca):
   a. Dörfer (meist vici, seltener villae).
   b. Einzelhöfe (domus, meist villae, seltener vici).

Zweites Kapitel.

Die Civitas auf deutschem Boden bis zum Ende der Völkerwanderung.

§ 3.

II. Römerstädte am Rhein und an der Donau.[1]

1. **Das Land und seine Bevölkerung.** Der von den Römern unterworfene Teil des späteren deutschen Reiches war zur Zeit der römischen Eroberung nur zum kleinen Teil von Germanen bewohnt. Nur am linken Ufer des Nieder- und Mittelrheins traf schon Cäsar einige eingewanderte germanische Stämme, denen in den nächsten

[1] Vgl. Jung, Die romanischen Landschaften des römischen Reiches. Innsbr. 1881. — Mommsen, Römische Geschichte. Bd. V. Berlin 1885. — Hübner, Römische Herrschaft in Westeuropa. Berlin 1890. — Hübner, Der römische Grenzwall in Deutschland. (Bonner JB. 63 (1878) p. 17 ff.; 64 (1878) p. 33 ff.; 66 (1879) p. 13 ff.) — Hübner, Neue Studien über den römischen

Jahrhunderten noch andere folgten.[1] Dieselben standen aber nicht in schroffem Gegensatze zu der herrschenden keltischen Bevölkerung, sondern vermischten sich mit derselben und gingen teilweise sogar in derselben auf. In den westlich gelegenen Distrikten Niedergermaniens, in den Moselländern, am Oberrhein, in den Nordalpen und den Donaugebieten gehörte die herrschende Bevölkerung dem keltischen Stamme an. Nur in Rhätien hatte sich, wenn auch stark mit keltischem Blute vermischt, die mit den Etruskern stammverwandte Urbevölkerung erhalten.[2] Auch nach ihrer Romanisierung bewahrte dieselbe in ihrem Dialekte bis auf unsere Tage viele Anklänge an die alte Stammessprache. Die Grundbevölkerung des Landes war also im wesentlichen dieselbe wie in Gallien. Deshalb lehnte sich auch in den Rhein- und Donauländern die römische Municipalverfassung an die schon bestehenden Völkerschaftsverbände an. Ob die einzelnen Völkerschaften keltischen oder germanischen Stammes waren, machte wenig aus. Da die eingewanderten Germanen die alten keltischen Städte besetzten und sich in ihnen ansiedelten, war es nicht schwer, auch bei ihnen zur Municipalgründung geeignete Wohnsitze ausfindig zu machen.

2. **Die Völkerschaftsstädte.** In den rein keltischen Gebieten bildete die Anlehnung der civitas an die Völkerschaft die Regel. An der Mosel in der Provincia Belgica Prima entstanden aus dem Gebiete der Mediomatriker und der Treverer die civitates Mediomatricorum und Treverorum. Die Vororte derselben verloren ihren alten einheimischen Ortschaftsnamen — der der Mediomatriker hieß früher Divodurum, den alten Namen des Vorortes der Treverer wissen wir nicht — und nahmen die Namen der Völkerschaft an, die sie bis auf den heutigen Tag als Metz und Trier bewahrt haben.[3] In der Provincia Germania inferior wurde der Ort Adua-

Grenzwall. (Bonner JB. 80 (1885) p. 23 ff.) — Hübner, Neueste Studien über den römischen Grenzwall (Bonner JB. 88 (1889) p. 1 ff.). Über einzelne Gegenden handeln besonders: Mommsen, Die Schweiz in römischer Zeit. (Mitteilungen der antiquarischen Gesellschaft in Zürich. Bd. IX. 1856.) — Burckhardt-Biedermann, Helvetien unter den Römern. Basel 1886. — Planta, Das alte Raetien. Berlin 1872. — Jung, Römer und Romanen in den Donauländern. Innsbr. 1877.

[1] z. B. die Vangionen, Triboker, Nemeter, Ubier, Bataver. Ob die Triboker und Nemeter Germanen sind, ist übrigens nicht zweifellos. Die Namen der Völkerschaften sind keltisch, doch erklären sie Strabo IV. 4, Plinius IV. 17, Tacitus, Germania c. 28 für Germanen. Vgl. Dahn, Deutsche Geschichte. Bd. I. p. 59 ff.

[2] Vgl. Planta, a. a. O. p. 4 ff.; Riezler, Geschichte Baierns. I. Gotha 1878 p. 35.

[3] Über Trier vergl. Hettner, Das römische Trier. (Verhandlungen der 34. Philologenversammlung in Trier 1879 p. 15 ff.)

tuca der Vorort der civitas Tungrorum. Aus ihm ist die Stadt Tongres in der Nähe von Maastricht entstanden. Am Mittelrhein in der Provincia Germania superior wurden Borbetomagus und Noviomagus, das heutige Worms und Speier, die Zentralpunkte der civitates Vangionum und Nemetum. In dem Gebiete der Rauraker entstand die Colonia Augusta Rauracorum, das heutige Augst; in dem Gebiete der Vindeliker gründeten die Römer die Colonia Augusta Vindelicorum, heute Augsburg genannt. Das ziemlich bedeutende Gebiet der Rhätier zerfiel in mehrere civitates;[1] Vororte wurden die im Herzen der Alpen gelegene Stadt Curia (Chur) und der altkeltische Ort Bregantia (Bregenz) am Bodensee (lacus Bregantinus). Auch Campodunum, das heutige Kempten, bildete wahrscheinlich mit dem umliegenden Gebiete eine besondere civitas. Von den zahlreichen Municipalstädten der Taurisker in Noricum hat bloß Juvavum, das heutige Salzburg, auch unter germanischer Herrschaft fortgeblüht.

3. **Die Lagerstädte.**[2] Die Nähe der feindlichen Grenze und die infolgedessen in den Vordergrund tretende militärische Bedeutung des Landes brachte es mit sich, daß neben den Völkerschaftsstädten, den Gründungen des Friedenszustandes, auch Städte von mehr kriegerischem Charakter im Anschluß an die Kastelle entstanden. Einige Städte gingen sogar direkt hervor aus Lagern, die ihre militärische Bedeutung verloren hatten. Die Mauern, die einst den römischen Heeren als Verschanzung gedient hatten, nahmen eine Gemeinde von friedlichen Bürgern in sich auf. Ein Beispiel für eine solche aus einem Lager hervorgegangene Stadt bildet Köln.[3] Im Anfange des ersten Jahrhunderts unserer Zeitrechnung ein Winterlager für zwei, später für eine römische Legion, wurde das oppidum Ubiorum, nachdem die Truppen verlegt waren, zu einer Veteranenkolonie erhoben, die zu Ehren der dort geborenen jüngeren Agrippina den Namen Colonia Agrippina erhielt. Ebenso entstand fast drei Jahrhunderte später im Lande der Triboker aus dem römischen Kastell Argentoratum die civitas Argentoratensis (Straßburg), während die alte Hauptstadt der Triboker, Breucomagus (heute Brumat) nie Municipalrecht besessen hat.

---

[1] Vgl. Huber, Geschichte Österreichs. I. p. 17 ff.; Planta, a. a. O. p. 206 ff.

[2] Vgl. Mommsen, Die römischen Lagerstädte. (Hermes Bd. VII. (1873) p. 299 ff.) — Bergk, Die Verfassungsgeschichte von Mainz in römischer Zeit. (Westdeutsche Zeitschrift I. (1882) p. 498 ff.)

[3] Über Köln vergl. v. Veith, Das römische Köln. (Winckelmannsprogramm.) Bonn 1885. — Ennen, Geschichte der Stadt Köln. Bd. I. Köln u. Neuss 1863 p. 3 ff.

Von diesen aus ehemaligen Lagern entstandenen Städten sind zu unterscheiden die eigentlichen Lagerstädte, bei denen die bürgerliche Ansiedlung neben dem Lager oder wenigstens in seiner Nähe entstand. Meist läßt sich mit Sicherheit schon vor der Gründung des Kastells das Bestehen einer Ansiedlung der einheimischen Bevölkerung nachweisen, die ihr rasches Erblühen und ihr Wachstum zum großen Teile dem zugezogenen Troß der Legionen verdankte. Eine solche Lagerstadt war die Colonia Trajana (Xanten) in der Nähe von Castra Vetera. Dem Kastell blieb hier auch nach der Gründung der Kolonie seine militärische Bedeutung. An der Stelle der erst sehr spät nachweisbaren civitas Basilia stand schon in vorrömischer Zeit der keltische Ort Robur. Ihr Emporblühen und die Verleihung mit Municipalrecht verdankt die Ansiedlung wahrscheinlich der Nähe eines römischen Kastells, dessen Überreste auf dem rechten Rheinufer bei Klein-Basel gefunden sind.[1] Das hervorragendste Beispiel einer Lagerstadt ist Mainz.[2] Moguntiacum war, wie schon der Name beweist, eine keltische Ortschaft. Es lag auf derselben Stelle, auf der noch heute die Stadt Mainz gelegen ist. Auf dem benachbarten südwestlich der Stadt gelegenen Plateau, über welches der Weg nach Zahlbach führt, gründeten die Römer das Kastell, das bald der wichtigste militärische Punkt am Oberrhein und Mittelrhein wurde und der XXII. Legion als Standquartier diente. Die Ortschaft am Fuße des Kastells wuchs rasch. Aus dem keltischen Dorfe entstand die große 4 oder 5 vici umfassende Gemeinde der vicani Mogontiacenses. Trotzdem zögerten die Kaiser lange, dem Orte das Municipalrecht zu verleihen. Unmittelbar neben dem Lager mit seinem militärischen Zwang eine Stadt mit municipaler Freiheit sich entwickeln zu lassen, hielt man für politisch verkehrt. Erst am Ende des III. Jahrhunderts wurde Mainz mit Stadtrecht beschenkt. Zugleich wurde der bisher offene Ort mit Mauern umgeben. Das gegenüberliegende Castellum Mattiacorum (heute Castel) hatte schon früher Municipalrecht erhalten. Die beiden anderen überrheinischen Römerstädte Aurelia Aquensis (Baden-Baden) und Sumalocenna (in der Nähe des heutigen Rottenburg) scheinen keine Lagerstädte gewesen zu sein.

In den Alpen- und den oberen Donauländern fehlen diese militärischen Gründungen vollständig.[3] Die Städte Rhätiens, Vindeliciens und Noricums sind rein bürgerliche Gründungen. Die gewaltigen Donaukastelle Castra Regina (Regensburg), Castra Ba-

[1] Vgl. Heusler, Verfassungsgeschichte der Stadt Basel. Basel 1860 p. 2.

[2] Über Mainz vergl. Bergk, a. a. O.

[3] Über Lagerstädte an der unteren Donau vergl. Jung, Römer und Romanen p. 80.

tava (Passau) und Laureacum (Lorch) haben weder selbst Stadtrecht erhalten, noch sind neben ihren Mauern municipale Neubildungen entstanden.

4. **Die Kastelle.**[1] Waren es auch nur wenige Kastelle, die das römische Municipalrecht erhielten oder unter deren Mauern römische Städte entstanden, so darf doch der Einfluß der römischen Lager für die Entwickelung der Ortschaften keineswegs unterschätzt werden. Viele unserer wichtigsten heutigen Städte sind aus Ansiedlungen in der Nähe von Kastellen hervorgegangen. Regelmäßig wurden die römischen Lager errichtet neben schon bestehenden Ortschaften, wie der keltische Name der meisten Kastelle beweist. Die niedergermanisch-belgischen Kastelle Tolbiacum (Zülpich) und Beda (Bitburg), die Rheinfestungen Noviomagus (Nymwegen), Novaesium (Neuß), Durnomagus (Dormagen), Divitia (Deutz), Bonna (Bonn), Rigomagus (Remagen), Antunnacum (Andernach), Baudobriga (Boppard), Cruciniacum (Kreuznach), Bingium (Bingen), Breucomagus (Brumat), Vindonissa (Windisch), Turicum (Zürich), das rechtsrheinische Kastell Lupodunum (Ladenburg), sie alle tragen den Namen von den keltischen Ansiedlungen, neben denen sie errichtet wurden. Von den 3 großen Donaulagern geht Laureacum zurück auf eine keltische Niederlassung, castra Batava wurde gegenüber dem alten keltischen Orte Bojodurum errichtet, castra Regina entstand auf der Stelle einer alten Keltenstadt. Nur ausnahmsweise tragen die Kastelle römische Namen, z. B. das erst ziemlich spät befestigte Confluentes (Koblenz), ferner die beiden Trajectum (Utrecht und Maastricht). Nur in diesen Ausnahmefällen kann man vollständige Neugründungen annehmen. Regelmäßig lag schon bei der Errichtung eines Kastells dicht neben seinen Mauern eine bewohnte Ortschaft, die selbstverständlich durch die Niederlassungen von Händlern, Gastwirten, Marketendern und verabschiedeten Soldaten, welche sich im Gefolge der Legionen befanden, immer mehr anwuchs. Auf diese Weise ist Mainz, noch ehe es Stadt war, zu hoher Blüte gelangt. Die unter den Mauern von Bonn, Bingen, Andernach und anderen Kastellen entstandenen Ansiedlungen sind sicherlich nicht unbedeutend gewesen, wenn sie auch von den römischen Kaisern nicht mit Municipalrecht begabt wurden. Manche von diesen Lagervororten mögen an Größe und Bedeutung die kleinen Municipalstädte weit übertroffen haben.

---

[1] Vgl. besonders die oben S. 27 f. Anm. 1 genannten Werke von Hübner.

§ 4.

II. Die Römerstädte und Kastelle in der Zeit der Völkerwanderung.[1]

1. Der Untergang der römischen Herrschaft in den Rheinlanden. Im III. Jahrhundert hatte die römische Herrschaft an der germanischen Grenze ihren Höhepunkt erreicht. Seitdem begann der Niedergang. Statt der ehemaligen kleinen Völkerschaften traten große Völkerverbände den Römern entgegen. Die Alamannen drangen siegreich vor und vernichteten die römische Herrschaft im rechtsrheinischen Zehntlande, zu gleicher Zeit bemächtigten sich die Franken des Batavergebietes an der Rheinmündung. Am Ende des IV. Jahrhunderts waren nicht nur sämtliche Gebiete rechts des Rheines den Römern entrissen, es waren nicht nur die rechtsrheinischen Städte Aurelia Aquensis und Sumalocenna zerstört und aus der Geschichte verschwunden, auch am linken Rheinufer kennt die Notitia Galliarum[2] manche der alten Römerstädte nicht mehr. Die Colonia Trajana wird nicht mehr erwähnt. Sie war zerstört und ihr Gebiet vielleicht schon in Feindeshand. Augusta Rauracorum ist zu einem bloßen castrum herabgesunken. Als civitates werden nur noch Trier, Metz, Köln, Tongres, Mainz, Worms, Speier, Straßburg, Basel genannt. Immer mehr war die militärische Besetzung am Rhein zusammengeschmolzen. Man brauchte die Legionen nötiger in Italien. In den ersten Jahren des V. Jahrhunderts zog Stilicho die meisten Truppen vom Rheine zurück. Die Kastelle verloren ihre Besatzung und ihre militärische Bedeutung, sie wurden Zufluchtsorte und Wohnorte für die Bevölkerung, die hinter ihren Mauern Schutz suchte. Das Land stand jetzt den Germanen offen. Nach dem Durchzuge der Vandalen, Alanen und Sueven 406 fielen Straßburg und Speier dauernd in die Hände der Alamannen, Worms und Mainz wurden zerstört.[3] Bald darauf vereinigten wahrscheinlich die Franken Köln mit ihrem Reiche und eroberten vorübergehend Trier. Den weiteren Verlauf der Unterwerfung der römischen Rheingebiete können wir bei dem Mangel

---

[1] Vgl. v. Wietersheim, Geschichte der Völkerwanderung. 2. Aufl. bes. von Dahn. 2 Bde. Leipzig 1880, 81. — Dahn, Deutsche Geschichte. Bd. I. Gotha 1883. — Gebhardt, Handbuch der Deutschen Geschichte. Bd. I. Stuttgart 1891.

[2] Siehe oben Seite 18 Anm. 1.

[3] Hieronymi epist. 123 ad Ageruchiam (ed. Vallarsi 1766): Moguntiacum nobilis quondam civitas capta atque subversa est ... Vangiones longa obsidione deleti ... Nemetae Argentoratus translatae in Germaniam.

an geschichtlichen Nachrichten nur unvollkommen verfolgen. Alle Versuche der römischen Feldherrn, besonders des Aëtius, den Franken und Alamannen das eroberte Land wieder zu entreißen, hatten keinen oder nur vorübergehenden Erfolg. Am Anfang der zweiten Hälfte des V. Jahrhunderts waren die ehemals römischen Rheinlande völlig in den Händen der Germanen. Zwar erhielt sich noch die keltisch-römische Bevölkerung, soweit dieselbe nicht in den Kämpfen zu Grunde gegangen war. Besonders in den Städten und Kastellen, gegen die anfangs die Sieger eine Abneigung zeigten, scheinen nicht unbedeutende Reste der alten Einwohner des Landes die Eroberung überdauert zu haben. Aber sie waren numerisch nur schwach im Verhältnis zu den germanischen Eroberern, die dem Lande einen durchaus deutschen Charakter aufprägten und nach und nach alle römischen Elemente aufsogen. Wie intensiv das Land germanisiert wurde, beweist das Überwiegen der germanischen Ortsnamen über die römischen und keltischen.[1] Nur in der Nähe der Städte und der Kastelle finden sich größere Gruppen von keltischen oder römischen Ortsnamen, das übrige Gebiet ist ganz germanisiert.

2. **Die Civitates.** Schon im IV. Jahrhundert waren die römischen Städte am rechten Rheinufer und an der Rheinmündung untergegangen, die anderen in der Notitia Galliarum erwähnten civitates haben zwar sämtlich die germanische Eroberung überstanden, aber nur einige von ihnen vermochten es, ihre alten Namen zu behaupten. Es waren das die Städte, die am längsten den germanischen Angriffen Widerstand geleistet hatten und erst zu einer Zeit in die feindlichen Hände fielen, als der erste Landhunger der Eroberer gestillt war, nämlich Trier und Metz in der Provinz Belgica, Tongres in der Provincia Germania inferior, Mainz in der Provincia Germania superior, Basel in der Provincia Maxima Sequanorum. Köln verlor seinen alten Namen civitas Agrippinensis; nur in der Schriftsprache des Mittelalters, besonders in lateinischen Gedichten wurde derselbe noch vereinzelt angewandt. Der neue Name „Köln" entstand aber wenigstens aus der alten römischen Bezeichnung Colonia, die zum Ortsnamen wurde.[2] Dagegen erhielten die drei Städte Worms, Speier und Straßburg am oberen Mittelrhein deutsche Namen. Die civitas Vangionum, Nemetum und Ar-

---

[1] Für die Moselländer vergl. Lamprecht, Wirtschaftsleben I. 1. p. 150 f.; für die Gegend von Metz vergl. Doering, Metz p. 136 ff.

[2] Der neue Name findet sich schon bei Gregor. Tur. Hist. Franc. VI. 24: Agripinensim civitatem, quae nunc Colonia dicitur. Vergl. Hist. Franc. II. 20. In einem Briefe an Bonifacius vom Jahre 745 schreibt noch Papst Zacharias: De civitate namque illa, quae nuper Agrippina vocabatur, nunc vero Colonia (MG. Epist. Merov. et Karol. aevi. Tom. I. p. 325 n. 60).

gentoratum hießen von nun an Wormacia,[1] Spira[2] und Strataburgus[3]. Die alten Bezeichnungen erhielten sich nur noch in der Schriftsprache des früheren Mittelalters.

3. **Die Castella.** Neben den Civitates waren es vor allem die Kastelle, welche die germanische Eroberung überdauerten und noch unter deutscher Herrschaft ihren Namen fortführten. Während die überrheinischen Städte untergingen, hat das Kastell Lupodunum am Neckar seinen alten Namen in germanisierter Form als Lobedenburg (heute Ladenburg) beibehalten. Da der Ort in der Karolingerzeit castrum oder civitas[4] genannt wird, also ummauert war, ist mit Sicherheit anzunehmen, daß auch die alten Römermauern fortbestanden. Ebenso haben fast alle bedeutenderen Rheinfestungen sowie die im Innern der Provinzen Germania, Belgica und Maxima Sequanorum gelegenen Kastelle ihren Namen auf Ortschaften der Karolingerzeit fortgeerbt, und zwar erscheinen diese Ortschaften der Karolingerzeit regelmäßig als ummauerte Festungen. Zürich,[5] Solothurn,[6]

---

[1] Der deutsche Name kommt zuerst vor in den Unterschriften des Pariser Konzils (614): Ex civitate Uuarnacio Berhtulfus episcopus (MG. Conc. I. p. 192); ferner findet er sich bei dem Ravennater Geographen als Gormetia (Ravenn. Cosmogr. IV. 26 p. 231).

[2] In den Unterschriften des Pariser Konzils (614): Ex civitate Spira Hildericus episcopus (MG. Conc. I. p. 192); bei dem Ravennater Geographen: Sphira (Rav. Cosm. IV. 26 p. 231); vergl. Mirac. s. Goaris (MG. SS. XV. p. 364): Nemeti quae civitas nunc Spira vocatur.

[3] Der deutsche Name „Straßburg" findet sich schon bei Gregor. Tur. Hist. Franc. X. 19: Argentoratensem urbem, quam nunc Stradeburgum vocant, vergl. Hist. Franc. IX. 36; ferner Argentaria quae modo Stratisburgo dicitur (Rav. Cosm. IV. 26 p. 231). Den Namen sucht Ermoldus Nigellus in einem seiner Gedichte zu erklären (MG. Poetae II. p. 84): Urbs populosa nimis Romano nomine dicta est Argenterata, nomine digna suo. Prosperitate nova Strazburg vocitata manet nunc Quod populis constet publica strata modo. Vergl. d. Verse des Paulinus von Aquileja (MG. Poetae I. p. 131): urbs dives Argentea .... Barbara lingua Stratiburgus diceris.

[4] actum in Lobodone castro: 764 (C. d. Laur. I. n. 281 p. 358); actum in Loboduna civitate: 764, 765 (C. d. Laur. I. n. 226, 274 p. 320, 353; Dronke n. 25 p. 16). Die Urkunden Dagoberts (627), Karls des Großen (798) und Ludwigs des Deutschen (856), welche die civitas Lobedunburg erwähnen (Boos, UB. Worms I. n. 1, 11, 23 p. 1, 6, 13) sind Fälschungen (vergl. Reg. 338, 1374). Die Stelle in der Urkunde Ludwigs des Frommen (829), die das castellum Lobedunburg nennt, ist eine Interpolation (UB. Worms I. n. 17 p. 10; vergl. Reg. 842).

[5] In 2 Urkunden Karls des Dicken 878, 879: in castello Turego (UB. Zürich I. n. 135, 137 p. 57, 58; Reg. 1543, 1546), ferner UB. Zürich I. n. 130 p. 52: in castro Turego (876) und Mon. Sangall. II. 1: de castro Turico (Jaffé, Bibl. IV. p. 667).

[6] Salodurum Burgundionum oppidum (827) (Transl. ss. Marcellini et Petri I. 8; MG. SS. XV. p. 243).

Augst,[1] Bingen,[2] Kreuznach,[3] Boppard,[4] Koblenz,[5] Andernach,[6] Bonn,[7] Deutz,[8] Neuß,[9] Nymwegen,[10] Utrecht,[11]

---

[1] Actum in Augusta civitate (Basel-Augst): 825 (Wartm. I. n. 291 p. 271). Die 891 und 894 erwähnte villa Augusta (Wartm. II. n. 682, 694 p. 284, 295) ist das dicht bei Basel-Augst gelegene Kaiser-Augst oder Aargau-Augst.

[2] In einer Urkunde Ludwigs des Frommen (832): in castello Pinguuio (Sauer I. n. 55 p. 23; Bodmann p. 109; Reg. 875), ferner in loco qui dicitur in castro Pinginsie (765) (Dronke n. 26 p. 17), in castello Pinge od. Pingua (821, 824) (Dronke n. 395, 429 p. 178, 192), endlich haud procul ab urbe Pinguia (Annal. Fuld. 858 p. 51).

[3] in Cruciniaco castro (Annal. Bert. 839 p. 22).

[4] in Botbarta civitate (803) (Dronke n. 214 p. 113), in alio castello nomine Bôtbarta (821, 824) (Dronke n. 395, 429 p. 178, 192), castellum quod vocatur Bodbardo (Transl. s. Alexandri 6; MG. SS. II. p. 678).

[5] Schon bei Gregor. Tur. Hist. Franc. VIII. 13: ad castrum Confluentes; ferner ist eine Urkunde Theuderichs IV. (721) „Confelentis castro" datiert (MG. DD. I. p. 82; Dipl. Merov. n. 92). Andere Erwähnungen sind: in oppido Cobelenze nuncupato quod latine Confluentia dicitur (840/41) (Dronke n. 529 p. 235), in Confluente castello (Annal. Fuld. 842, 848, 857, 858, 860, 882 p. 34, 37, 47, 49, 54, 97, 109), castrum Confluentes (Annal. Bert. 842, 860 p. 27, 54), Confluentes civitatem (Annal. Xant. 842; MG. SS. II. p. 227).

[6] Anternacum castellum (Annal. Fuld. 859, 876 p. 53, 88), Andrunacum castrum (Annal. Bert. 876 p. 132).

[7] Bunna civitas (Annal. Fuld. 881 p. 97; Regino 881 p. 118), Bonna castellum (Regino 924, 942 p. 157, 162).

[8] Schon bei Gregor. Hist. Franc. IV. 16: Divitiam civitatem, daraus auch bei Fredegar III. 52 (MG. SS. rer. Merov. II. p. 107). Ferner Annal. Einhardi 778: a Diutia civitate (MG. SS. I. p. 159) und Regino 869 p. 99: Diuza castrum.

[9] Die Stelle bei Gregor. Tur. Hist. Franc. II. 9, die das Nivisium castellum nennt, stammt aus Sulpicius Alexander. Spätere Erwähnungen sind: castellum Novesium (Annal. Bertin. 863 p. 61), castellum Niusa (Regino 881 p. 118).

[10] Noviomagum castrum (Annal. Bertin. 837 p. 13; Annal. Xant. 846 (MG. SS. II. p. 228); Thegani v. Hlud. Addit. (MG. SS. II. p. 604)); Niwimagun castrum (Thegani v. Hlud. 37; MG. SS. II. p. 598).

[11] In einer Urkunde des Majordomus Karl Martell (722): infra muros Traiecto castro (MG. DD. I. p. 99; Dipl. Arnulf. n. 11) (Reg. 34), ferner in Urkunden von 834: „in castello Traiecto" und 838: „infra muros iam dicte civitatis" (Sloet, OB. I. n. 30, 33 p. 33, 36). Bonifacius spricht in einem Briefe an Papst Stephan III. von dem loco et castello quod dicitur Traiectum (Epist. 109; MG. Epist. Merov. et Karol. aevi I. p. 395). Baeda (Hist. eccles. gent. Angl. V. 11) nennt das castellum, quod antiquo gentium illarum verbo Viltaburg, id est Oppidum Viltorum, lingua autem Gallica Traiectum vocatur. Auch die Vita s. Lebuini erwähnt das castrum Wiltenburg antiquitus dictum, modo vero Traiectum (MG. SS. II. p. 361). Castellum heißt Utrecht ferner in Altfridi vita s. Liudgeri I. 4 (ed. Diekamp in: Die Geschichtsquellen des Bistums Münster. Bd. IV.) und in Alcuins vita s. Willibrordi 11 (MG. Poetae I. p. 207), Civitas in einem Briefe des Papstes Zacharias (751) (MG. Epist. Merov.

Maastricht,[1] Jülich,[2] Zülpich,[3] Bitburg,[4] alles Orte, die in römischer Zeit eine militärische Bedeutung besaßen, werden auch in der fränkischen Zeit castrum, castellum oder seltener oppidum und civitas genannt. Dem gegenüber ist die Zahl der linksrheinischen Kastelle, bei denen sich ein Zurückgehen auf römische Ansiedlungen nicht annehmen läßt, äußerst gering. Eine Neugründung der fränkischen Zeit läßt sich mit Sicherheit nur bei Kièvermont, dem Novum castellum,[5] nachweisen, das schon durch seinen Namen in Gegensatz gestellt wird zu den alten Kastellen aus der Römerzeit. Aus diesem Umstande, daß dieselben Orte, die in römischer Zeit befestigt sind, auch in deutscher Zeit als befestigt erscheinen, können wir den Schluß ziehen, daß die römischen Mauern dieser Kastelle auch unter germanischer Herrschaft sich erhalten haben. Dies Resultat ist auch für viele der genannten Orte durch Ausgrabungen bestätigt worden. Die vorhandenen Römerkastelle aber genügten dem Bedürfnisse nach befestigten Plätzen. Nur in ver-

et Karol. aevi I. p. 373 n. 88) und in der Vita s. Gregorii 5 (MG. SS. XV. p. 71), Urbs in Alcuins vita s. Willibrordi 11 (MG. Poetae I. p. 211) und Willibalds vita s. Bonifacii 8 (Jaffé, Bibl. III. p. 463, 467, 468).

[1] Schon Gregor. Tur. (Hist. Franc. II. 5; Liber in gloria confessorum 71) kennt die Treiectinsis urbs. Castrum heißt Maastricht in den Gesta abbat. Fontan. 3, 12 (MG. SS. II. p. 277, 285) und bei Regino 881, 891 (p. 118, 136), oppidum in der vita s. Lamberti 2, 3 (AA. SS. Sept. Tom. V. p. 574), der vita s. Huberti (AA. SS. Nov. Tom. I. p. 798 ff.) und dem Martyrologium Rhabans (Mai 13; Canis. II. 2. p. 327), municipium in den Annal. Bertin. 871 (p. 119), urbs in den Gesta Dagoberti I. 24 (MG. SS. rer. Merov. II. p. 409), civitas in den Unterschriften des Pariser Konzils (614) (MG. Concil. I. p. 192), in der vita s. Lamberti 21, 22 (AA. SS. Sept. Tom. V. p. 579.) und in Rhabans Martyrologium (Sept. 17; Canis. II. 2. p. 341). — Die Verwechselung der beiden Trajectum (Utrecht und Maastricht), die in neueren Werken (z. B. in dem Index zu MG. DD. I.) bisweilen vorkommt, findet sich schon in den Gesta abb. Fontan. 3 (MG. SS. II. p. 277).

[2] Castellum Juliacum (Regino 881 p. 118), Juliacus vocatur antiquum municipium (Transl. ss. Marcellini et Petri IV. 3; MG. SS. XV. p. 257).

[3] Gregor. Tur. nennt Zülpich Tulbiacensim oppidum (Hist. Franc. II. 37) oder civitas Tulbiacensis (Hist. Franc. III. 8). Der Liber Hist. Franc. erwähnt den Ort an einer Gregor entlehnten Stelle als civitas (c. 22; MG. SS. rer. Merov. II. p. 280), an einer anderen Stelle bezeichnet er Zülpich als castrum (c. 38; loc. cit. p. 308). Castrum heißt es auch in einer Urkunde des Majordomus Karl Martell (726) (MG. DD. I. p. 100; Dipl. Arnulf. n. 12) (Reg. 35), in den Gesta abb. Fontan. 7 (MG. SS. II. p. 279) und in Wandalberts Martyrologium (Octob. 13; MG. Poetae II. p. 596). Regino 881 (p. 118) nennt Zülpich castellum.

[4] In einer Urkunde Herzog Arnulfs (715/16): actum publice castro Bedense (MG. DD. I. p. 96; Dipl. Arnulf. n. 7) (Reg. 24)

[5] Novum castellum in 2 Urkunden Lothars I. (844 u. 855) (Lacomblet I. n. 59 p. 26; Martène, Coll. I. p. 138) (Reg. 1082, 1138). Fraglich ist, ob das novum castrum in einer Urkunde Lothars II. auf Kièvermont zu beziehen ist (Martène. Coll. II. p. 26) (Reg. 1261).

einzelten Fällen hielt man es in der fränkischen Zeit für nötig, in den linksrheinischen Gebieten neue Festungen zu errichten. Während an der slavischen Grenze ein immerwährender Krieg herrschte und eine Burg nach der andern entstand, hatten die Länder links des Rheins in fränkischer Zeit nur vorübergehend durch Thronkämpfe zu leiden, im übrigen herrschte in ihnen Friede. Erst das Aufkommen der Territorialgewalten und die Kämpfe zwischen den einzelnen Territorialherren boten die Veranlassung zu der Neugründung von zahlreichen befestigten Orten auch in den linksrheinischen Gebieten.

4. **Das Schicksal der Donauländer.** Auch in dem westlich vom Lech gelegenen Rhätien, das ebenso wie die oberrheinischen Gegenden von den Alamannen erobert wurde, haben sich die römischen civitates und castella wenigstens zum Teil erhalten. Am meisten blieb von der Zerstörung verschont die im Innern der Alpen gelegene Stadt Chur, die, bevor sie in die Hände der Alamannen kam, mit ihrem Gebiete etwa 50 Jahre unter der milden Herrschaft der Ostgoten gestanden hatte.[1] In den Thälern Graubündens erhielt sich romanische Sitte und Sprache bis in unsere Tage, während Chur wahrscheinlich schon früh wenigstens teilweise eine deutsche Stadt wurde, aber auch unter deutscher Herrschaft unter einer alteingesessenen Grafen- und Bischofsfamilie stand. Die nördlich gelegenen civitates Augusta Vindelicorum, Campodunum und Bregantia haben als Augsburg, Kempten und Bregenz die alten Namen bewahrt, aber nur Augsburg heißt in der späteren Zeit civitas.[2] In Kempten entstand an der Stelle der alten zerstörten Römerstadt wahrscheinlich erst in der Mitte des VIII. Jahrhunderts eins der reichsten schwäbischen Klöster.[3] Bregenz war, wenigstens größtenteils, zerstört und zu einem bloßen castrum herabgesunken.[4] Von

---

[1] Vergl. Planta, Das alte Raetien p. 234 ff.

[2] Über die civitas Augsburg vergl. unten Seite 49.

[3] Das Monasterium Cambidona wird in zahlreichen deutschen Königsurkunden genannt (M Bo. XXVIII. 1. n. 5 p. 9 (815), n. 12 p. 19 (831), n. 15 p. 23 (833), n. 17 p. 26 (834) etc. MBo. XXXI. n. 25 p. 60 (831). n. 26 p. 61 (832), n. 36 p. 80 (837), n. 37 p. 81 (838) etc.) (Reg. 562, 854, 892, 900, 860, 870, 1325, 947). Die von Maurer, Bayr. Städte p. 16 Anm. 64 citierten Stellen Neugart I. p. 148 (jetzt bei Wartmann I. n. 206 p. 196): in loco qui vocatur Camputuna (811) und Neugart I. p. 220 (jetzt bei Wartmann I. n. 358 p. 333): Actum in ipsa villa Campitona publice (837) beziehen sich auf Kempten, Kirchgemeinde Wetzikon, Kanton Zürich. Die villa Campiduna super fluvium Rino sive Chambiz (757) (Wartmann I. n. 21 p. 25) ist Kembs im Oberelsaß, Kreis Mühlhausen).

[4] Als St. Gallus in die Gegend des Bodensees kommt, hört er: civitatem quandam esse dirutam vicinam illis locis Pergentiam (Vita s. Galli 6; Mitt. z.

den römischen Kastellen haben sich Konstanz (Constantia),[1] Arbon (Arbor felix)[2] und Günzburg (Guntia)[3] als befestigte Orte auch in der fränkischen Zeit erhalten.

Viel gründlicher erfolgte die Vernichtung der Römerstädte im östlichen Rhätien und in Noricum. Noch am Ende des V. Jahrhunderts hatten die Römer in hartem Kampfe mit den feindlichen Völkerschaften die Donaugrenze gehalten. Nach dem Untergange des weströmischen Reiches brach auch hier das Verhängnis herein. In dem Leben des heiligen Severin[4] besitzen wir eine vorzügliche Schilderung der Vorgänge in diesen östlichen Provinzen während des Zusammenbruchs der römischen Herrschaft. Von Norden drangen die Rugier, von Osten die Goten unaufhaltsam vor. Andere, schlimmere Feinde folgten. Eine Stadt nach der andern in dem städtereichen Ufernoricum fiel in die Hände der Barbaren und wurde zerstört. Mit dem Tode Severins enden die Nachrichten über diese Gegenden. Zwei Jahrhunderte herrscht über die Donauländer ein völliges Dunkel, in das erst am Anfange des VIII. Jahrhunderts einige Lichtstrahlen fallen. Wer von den germanischen, slavischen oder avarischen Eroberern die blühenden Römerstädte völlig vernichtet hat, wissen wir nicht, aber im VIII. Jahrhundert sind ihre Gebäude, ihre Mauern zerstört und ihre Namen teils verschwunden, teils auf die kleinen Dörfer übertragen, die auf ihren Trümmern gegründet wurden.[5] Als der Glaubensbote Rupert an die Stelle kam, wo die alte Römerstadt Juvavum gestanden hatte, fand er nur Trümmer. Der Wald war über die Stätte gewachsen, auf der einst ein blühendes Gemeinwesen stand.[6] Neben diesen Ruinen erhob sich auf dem heutigen Nonnberge die Burg der bayrischen Herzöge,

---

vaterl. Gesch. XII. p. 9). Er wendet sich dorthin (adiit urbem) und reinigt das dortige Gotteshaus von heidnischen Bildern (Vita s. Galli 7 p. 10, Ratperti casus s. Galli 2 (Mitt. XIII. p. 2). Bregenz heißt castrum in Ratperti casus 3 p. 3 und in einer St. Gallener Urkunde (Wartmann I. n. 164 p. 155).

[1] Über Konstanz, das stets civitas genannt wird, vergl. unten Seite p. 44 f.

[2] Arbonense castrum (Wartmann I. n. 12, 25. p. 14, 28) (Vita s. Galli 6, 21, 38 p. 9, 27, 46) (Ratperti casus s. Galli 2 p. 2).

[3] Castellum Guntionis (Annal. s. Emmer. 802; MG. SS. I. p. 93).

[4] Eugippii Vita s. Severini ed. Sauppe (MG. AA. Tom. I. Pars II. 1877); ed. Knöll (Wiener Corpus SS. eccl. VIII. p. 2 ff.); vergl. darüber Wattenbach, GQ. I. p. 44 ff.

[5] z. B. entstand auf der Stelle des alten Celeia das heutige Cilli.

[6] Convers. Bagoar. 1 (MG. SS. XI. p. 5): St. Rupert erfährt aliquem esse locum iuxta fluvium Ivarum antiquo vocabulo Juvavensem vocatum, ubi antiquis scilicet temporibus multa fuerunt mirabiliter constructa aedificia et tunc paene dilapsa silvisque cooperta. Ähnlich die sogen. Breves Notitiae II. 2 ed. Keinz p. 28: inveniens ibi multas constructiones antiquas atque dilapsas.

das castrum superius Salzburg,[1] das dem neuen Orte, der auf der Stelle des alten Juvavum entstand, seinen Namen gab.

Besser als das Schicksal der Städte in den Donauländern war das der Kastelle. Nicht nur im Schoße der Alpen am Brenner und am Zusammenflusse von Etsch und Passer haben sich Sterzing (Vipitina)[2] und Mais bei Meran (Maia)[3] als Kastelle erhalten, auch die 3 großen Donaukastelle haben den Zusammenbruch der römischen Herrschaft überdauert. Lorch wird noch im VIII. Jahrhundert castellum oder civitas genannt.[4] Von Regensburg und Passau, die unter der deutschen Herrschaft zu hoher Bedeutung als Bischofssitze gelangten und von denen Regensburg sogar die Hauptstadt der agilolfingischen Herzöge wurde, werden oft sogar die Mauern selbst erwähnt.[5] [6] Ja, in Regensburg hat sich sogar ein altes Römerthor bis in unsere Zeit erhalten. Die Gründungen des Bürgertums, die Munizipalstädte zeigten in diesen Gegenden keinen Bestand. Nur die Festungen mit ihren stärkeren Mauern vermochten den andringenden Feinden erfolgreichen Widerstand zu leisten. Sie wurden Zufluchtsorte der bedrängten Bevölkerung in der Zeit der Eroberung und blühende mächtige Wohnorte und Städte unter der Regierung der deutschen Könige.

---

[1] in superiori castro Juvavensium (Convers. Bagoar. 1; MG. SS. XI. p. 5), oppidum simulque et castrum superiorem (Indiculus Arnonis I. 1 ed. Keinz p. 15), in superiore castro saepe dicti Juvavensis oppidi (Brev. Notit. IV. 1 p. 30, cf. eod. II. 3 p. 28). Vergl. über dies castrum: Zillner, Geschichte der Stadt Salzburg. Bd. I. Salzburg 1885 p. 57 f.

[2] ad Wipitina in castello et in ipso vico (827) (Zahn, C. dipl. Austr. Fris. I. n. 11 p. 13).

[3] Castrum Maiense (Arbeos vita Corbiniani 17, 24, 31, 37 ed. Riezler in: Abh. d. Münch. Akad. III. Cl. XVIII. 1. (1888)).

[4] Civitas oder Castrum (Passio s. Floriani 3; Pez, SS. r. Austr. I. p. 40 f.), oppidum (791) (Meichelbeck I. Pars instr. n. 103 p. 81), civitas (Conv. Bagoar. 1; MG. SS. XI. p. 5). Die Passauer Urkunden, die Lorch erwähnen, sind spätere Fälschungen.

[5] infra muros civitatis Pataviae (782, 821, 844—866) (M Bo. XXVIII. 2. n. 47, 77, 41 p. 42, 62, 38).

[6] Die starke Befestigung der Stadt Regensburg erwähnt Arbeo in der Vita Emmerammi 6 (Anal. Bolland. VIII. p. 226): Erat enim urbs ipsa Radaspona . . . . in expugnatione difficilis, lapidibus quadris edificata et turrium magnitudine sublimis ac puteis abundans. Auch anderswo werden die Mauern von Regensburg erwähnt, z. B. in einer Urkunde Karls des Großen (794): iuxta muros civitatis nostrae Reganisbergensium (M Bo. XXVIII. 1. n. 2. p. 3) (Reg. 312) und in einer Urkunde Ludwig des Kindes: extra moenia Radesponensis civitatis (904) (M Bo. XXVIII. 1. n. 96 p. 137) (Reg. 1963).

Drittes Kapitel.

Die Civitas auf deutschem Boden im fränkischen Reiche.

§ 5.

I. Begriff der Civitas.[1]

1. Die römischen Ortsbezeichnungen im ostfränkischen Reiche. Dieselben Terminologieen, welche die Latinität des ausgehenden Altertums und des angehenden Mittelalters angewandt hat, um die Verschiedenartigkeit der menschlichen Ansiedlungen zu bezeichnen, finden wir auch in den Königsurkunden der Karolinger, in den Privaturkunden und bei den Schriftstellern des ostfränkischen Reiches. Auch sie gebrauchen die Bezeichnungen urbs, civitas, municipium, oppidum, castrum, vicus, villa. Kaum eins der Worte, das in römischer Zeit eine bestimmte Art der Niederlassung bezeichnete, ist im Laufe der Jahre verloren gegangen. Eine um so entschiedenere Änderung hat dagegen stattgefunden in der Bedeutung der Worte. Nichts charakterisiert mehr die reiche und mannigfaltige Entwicklung des römischen communalen und wirtschaftlichen Lebens, als die große Zahl der Ortsbezeichnungen, von denen eine jede, wenigstens in der älteren Zeit, ihre ganz bestimmte eng abgegrenzte Bedeutung hatte. Wir haben oben[2] gesehen, wie schon in merovingischer Zeit in dem romanischen Gallien der Sprachgebrauch verwilderte, der ursprüngliche Sinn der Worte verwischt wurde, die Unterschiede zwischen den einzelnen Ausdrücken verschwanden. In dem deutschsprachigen ostfränkischen Reiche waren die römischen Ausdrücke von vornherein etwas fremdes. Nur in den Schriften der Gelehrten und in der Sprache der Urkunden fanden sie eine Stätte. Während in Gallien die römischen Ortsbezeichnungen den bestehenden wirtschaftlichen Verhältnissen noch

---

[1] Vergl. Eichhorn, Über den Ursprung der städtischen Verfassung in Deutschland (Z. f. gesch. RW. I. 2. (1815) p. 147 ff., II. 2. (1816) p. 165 ff.). — Gaupp, Über Deutsche Städtegründung, Stadtverfassung und Weichbild im Mittelalter. Jena 1824. — Barthold, Geschichte der deutschen Städte und des deutschen Bürgertums. Teil I. Leipzig 1850. — Maurer, Über die bayrischen Städte und ihre Verfassung unter der römischen und fränkischen Herrschaft. München 1829. — Maurer, Geschichte der Städteverfassung in Deutschland. Bd. I. Erlangen 1869. — Hegel, Lateinische Wörter und deutsche Begriffe. (N. A. XVIII. (1892) p. 207 ff.)

[2] Siehe oben § 2 Seite 26 f.

allenfalls entsprachen, bestand in den deutschen Gebieten zwischen den deutschen Wohnortsarten und den lateinischen Wohnortsbezeichnungen ein scharfer Gegensatz. Die Folge war, daß ein Teil der lateinischen Ausdrücke noch mehr als in Gallien jede technische Bedeutung verlor und nur noch dazu diente, die Belesenheit und Gelehrtheit des Urkundenschreibers oder Schriftstellers in das rechte Licht zu rücken. Andere von den lateinischen Ausdrücken, und zwar gerade die am häufigsten angewandten, bildeten ihre Bedeutung in Anpassung an die deutschen Verhältnisse um, sie wurden lateinische Übersetzungen deutscher Begriffe.

Bevor wir an unsere Hauptaufgabe, die Untersuchung der Bedeutung von civitas und urbs, herantreten, empfiehlt es sich der Unterscheidung halber auch die Bedeutung der hauptsächlichsten anderen lateinischen Ortsbezeichnungen in der Karolingerzeit einer kurzen Prüfung zu unterwerfen.

Während noch Gregor von Tours zwischen vicus „Dorf" einerseits und villa „Meierhof" andererseits genau unterscheidet, beginnt dieser Unterschied im Laufe der Jahre immer mehr seine Schärfe zu verlieren. In der Karolingerzeit ist er, wenigstens auf deutschem Boden, völlig verschwunden. Villa und vicus bezeichnen in gleicher Weise eine aus mehreren Gehöften bestehende ländliche Ansiedlung. Die Beispiele, in denen villa das Dorf und sogar das Kirchdorf bezeichnet, zählen nach Hunderten, sie finden sich in allen Traditionsbüchern mit Urkunden des IX. Jahrhunderts. Ich will nur erinnern an eine Urkunde Ludwigs des Frommen für Würzburg,[1] in der 28 Kirchen in verschiedenen meist als villae aufgeführten Ortschaften dem heiligen Kilian geschenkt werden. Für den Einzelhof, gleichviel ob er allein steht oder in einem Dorfe liegt, findet sich regelmäßig die Bezeichnung curtis. Andere als rein ländliche Ansiedlungen werden nie vicus oder villa genannt. Der Sprachgebrauch: „villa = Stadt", dem die französische Sprache die Bedeutung des Wortes ville verdankt, gehört einer späteren Zeit an und ist fast ganz auf Frankreich beschränkt geblieben.[2]

Das Wort, das völlig seinen ursprünglichen Sinn bewahrt hat, ist das Wort castellum. Ebenso wie in der Merovingerzeit bezeichnet es in der Karolingerzeit einen mit Mauern umgebenen Ort. Schon oben[3] haben wir gesehen, daß fast sämtliche alte Römerkastelle in karolingischer Zeit wieder als castella sich finden, und

[1] 822 Dez. 19 (Wirt. UB. I. n. 87 p. 101) (Reg. 742).

[2] Ducange erklärt villa noch durch civitas und franz. ville. Die neue Auflage hat diesen Fehler berichtigt.

[3] Siehe Seite 34 ff.

daß neben ihnen nur wenig befestigte Neugründungen entstanden sind. Dasselbe wie castellum bedeutet castrum.

Von einem eigentlichen Sprachgebrauche des Wortes municipium kann man nicht mehr reden, es kommt nur ganz vereinzelt vor. In den wenigen Stellen, in denen ich es gefunden habe, wird es zur Bezeichnung eines befestigten Ortes gebraucht.[1]

Auch oppidum wird meistens in demselben Sinne wie castellum gebraucht. Solothurn,[2] Koblenz,[3] Utrecht,[4] Maastricht,[5] Freising,[6] Imst,[7] Würzburg,[8] Buraburg,[9] Duisburg[10] heißen oppidum. Häufig ist auch die Zusammenstellung der Synonyma oppida et castella.[11] Daneben fehlt es aber auch nicht an Stellen, in denen oppidum als Bezeichnung für eine civitas sich findet, z. B. für Mainz,[12] Trier,[13] Metz,[13] Basel,[14] Konstanz.[15] Vollständig wird aber die Verwirrung in dem Sprachgebrauche von oppidum dadurch, daß auch einfache Dörfer oppida genannt werden. Sogar in einer deutschen Königsurkunde[16] wird das Dorf Wildeshausen als oppidum bezeichnet. Vor allem ist aber charakteristisch, daß die beiden jüngeren Lebensbeschreibungen des heiligen Liudger dieselben Örtlichkeiten oppidum nennen, welche die ältere von Altfried verfaßte Lebensbeschreibung unter der Bezeichnung villa erwähnt.[17] Trotz-

[1] z. B. Treiectum municipium (Annal. Bertin. 871 p. 117); Juliacus vocatur antiquum municipium (Transl. ss. Marcellini et Petri IV. 3; MG. SS. XV. p. 257).

[2] Transl. ss. Marcellini et Petri I. 8 (MG. SS. XV. p. 243).

[3] Dronke n. 529 p. 235.

[4] Baeda, Hist. eccles. V. 11.

[5] Vita s. Lamberti 2, 3 (AA. SS. Sept. Tom. V. p. 574); Vita s. Huberti (AA. SS. Nov. Tom. I. p. 798 ff.); Martyrol. Rhabani (Mai. 13; Canis. II. 2. p. 327).

[6] Meichelbeck I. Pars instrum. n. 6 p. 27 ff.

[7] Zahn, C. dipl. Austr. Fris. I. n. 1 p. 1.

[8] Vita Burchardi 3, 5 (MG. SS. XV. p. 48 f.).

[9] Epist. Bonif. 50 (MG. Epist. Merov. et Karol. aevi I. p. 299); Vita s. Wigberti (MG. SS. XV. p. 41).

[10] Regino 884 p. 122.

[11] Einhardi Vita Karoli 6, 9 p. 6, 9; Transl. s. Viti (Jaffé, Bibl. I. p. 21); Vita s. Huberti (AA. SS. Nov. Tom. I. p. 800); Annal. Einh. 761 (MG. SS. I. p. 143).

[12] Epist. Rhabani (MG. Poetae II. p. 167).

[13] Monach. Sangall. G. Kar. I. 10 (MG. SS. II. p. 735): apud Treverense vel Mettense opidum.

[14] Mirac. s. Othmari II. 6 (MG. SS. II. p. 54).

[15] Vita s. Othmari 20 (Mitt. z. vaterl. Gesch. XII. p. 117); Form. Sangall. III. 33 (MG. Formulae I. p. 417).

[16] Urkunde Ludwigs des Deutschen (855): opidum Wialteshus (UB. Osnabrück I. n. 38 p. 25) (Reg. 1372).

[17] Altfridi vita s. Liudgeri (Münst. GQ. IV. p. 3 ff.): villa Helewyret (I. 25 p. 30), locus Hleri (I. 29 p. 34); Vita II. s. Liudgeri (eod. p. 54 ff.):

dem das Wort oppidum durchaus nicht besonders häufig ist, findet es sich also sowohl für Städte und Kastelle wie für Dörfer. Von einem festen Sprachgebrauche des Wortes kann man höchstens bei einigen Schriftstellern, nicht aber im allgemeinen reden.

2. **Die Bedeutung des Wortes civitas.** Wir treten nunmehr an die Hauptfrage dieses § heran, an die Frage: Was bedeutet das Wort civitas und das synonyme Wort urbs in der Karolingerzeit? Welche Orte auf deutschem Boden werden als civitas bezeichnet? Bei der Beantwortung dieser Frage müssen wir uns hüten vor einem Fehler, in den Hellwig[1] und Damas,[2] ersterer bei seinen Arbeiten über die Städte der Ottonenzeit, letzterer bei einer Arbeit über die Städte der Salierzeit verfallen sind, nämlich jeden Ort, der einmal von einem Schriftsteller oder in einer Urkunde civitas genannt wird, ohne Rücksicht auf den Sprachgebrauch in eine Linie zu stellen mit den regelmäßig als civitates bezeichneten Orten. Da die sächsischen Quellen das Wort civitas regelmäßig zur Übersetzung des deutschen Wortes „Burg“ gebrauchen, während in den Rhein- und Donaugebieten der Sprachgebrauch auch in der Ottonenzeit ein nicht sehr ausgedehnter ist, kommt Hellwig zu dem Resultate, es habe in Deutschland unter den sächsischen Kaisern 206 „Städte“ (!!) gegeben von denen nur 57 in Lothringen, Schwaben, Bayern, Franken, 63 in Sachsen und Thüringen, 86 jenseits der Saale und Elbe gelegen hätten. Um diese statistische Entdeckung recht zu verdeutlichen, legt er auch eine Tabelle der „Städte“ nach Provinzen an, die das Aufblühen der sächsischen und besonders der rechtselbischen Städte beweisen soll. Zu ähnlichen Resultaten gelangt Damas für die Salierzeit. Auch der jüngste Arbeiter auf diesem Gebiete, Sebald Schwarz, ist von Hellwigs Irrtümern nicht ganz frei.[3]

Für uns handelt es sich darum festzustellen, ob wirklich von einem festen Sprachgebrauche der Worte civitas und urbs die Rede sein kann, ob es eine geschlossene Gruppe von Orten giebt, die immer oder so gut wie immer civitas oder urbs genannt werden.

---

oppidum Helawerd (I. 21 p. 65), oppidum Hleri (I. 26 p. 71), oppidum Meppea (I. 27 p. 72); Vita III. s. Liudgeri (eod. p. 85 ff.): oppidum Uberiti (I. 36 p. 106).

[1] Hellwig, Deutsches Städtewesen zur Zeit der Ottonen. Teil I. Breslau 1875. (Dissert.) — Hellwig, Handel und Gewerbe der deutschen Städte während der sächsischen Kaiserzeit. Progr. d. Götting. Realschule 1882. Vergl. darüber Hegel, a. a. O. p. 217 Anm. 5.

[2] Damas, Beiträge zur Geschichte der deutschen Städte zur Zeit der fränkischen Kaiser. 1879. (Breslau. Diss.)

[3] S. Schwarz, Anfänge des Städtewesens in den Elb- und Saalegegenden. 1892 (Kieler Diss.); vgl. Hegel, a. a. O. p. 217 Anm. 2, 5.

Daß neben diesen eigentlichen civitates auch andere Orte, die sonst castrum, castellum, villa etc. heißen, vereinzelt die Bezeichnung civitas oder urbs tragen, ist bei der Willkür der mittelalterlichen Schriftsteller selbstverständlich und ändert nichts an der Thatsache, daß ein fester Sprachgebrauch existiert. Während nämlich die übrigen Orte nur vereinzelt civitas oder urbs, daneben aber regelmäßig castellum, castrum oder gar vicus und villa heißen, giebt es in der That eine ganz bestimmte Zahl von Orten, die überall, wo sie vorkommen, civitas oder urbs (seltener oppidum) genannt werden und nie die Bezeichnung castrum, castellum, vicus oder villa tragen. Wir haben im einzelnen zu untersuchen, welche Orte zu diesen civitates im engeren Sinne gehören. Wir beginnen bei der Aufzählung dieser Orte mit der westlichen Hälfte des Reiches, mit den Rheinlanden, und zwar im Süden.

Als erste der civitates ist zu nennen die alte Stadt Chur (Curia).[1] In allen Stellen, wo sie mit Ortsbezeichnung erwähnt wird, führt sie den Titel civitas. Die Civitas Curiensis findet sich in einer Urkunde Ludwigs des Deutschen;[2] auf dem Konzile von Paris (614) unterschreibt ein Bischof Victor ex civitate Cura,[3] auf der Synode von Attigny etwa 150 Jahre später Tello episcopus civitas Coeradiddo.[4] Derselbe Tello datiert sein berühmtes Testament acta Curia in civitate publica.[5] Bischof Victor II. erwähnt in einer Bittschrift an Ludwig den Frommen ipsam civitatem[6] und Alcuin schickt einen seiner Briefe dem Remedio episcopo Curiae civitatis.[7]

Folgen wir dem Laufe des Rheines, so finden wir als nächste civitas das am Bodensee gelegene Konstanz (Constantia).[8] Die urbs Constantia wird öfters in Kaiserurkunden erwähnt, 780 in einer Urkunde Karls des Grossen,[9] 815 in einer Urkunde Ludwigs des Frommen,[10] 854 in einer Urkunde Ludwigs des Deutschen.[11] Civitas heißt der Ort sowohl in der letztgenannten Ur-

[1] Vergl. über Chur: Planta, Das alte Raetien. Berlin 1872. — Planta, Verfassungsgeschichte der Stadt Chur im Mittelalter. Chur 1879.

[2] 857 (Mohr I. n. 29 p. 46) (Reg. 1386).

[3] MG. Conc. I. p. 192.

[4] MG. Capit. I. n. 106 p. 222.

[5] 766 (Mohr I. n. 9 p. 18; Planta, Das alte Raetien p. 448).

[6] Mohr I. n. 15 p. 27.

[7] Jaffé, Bibl. VI. p. 825; Alcuini epist. n. 262.

[8] Über Konstanz vergl. Beyerle, Konstanz in fränkischer Zeit. 1883.

[9] Wartmann I. n. 92 p. 87 (Reg. 221).

[10] Wartmann I. n. 218 p. 208 (Reg. 585).

[11] Wartmann II. n. 433 p. 50 (Reg. 1368). Vergl. auch Wartmann I. n. 344 p. 318 (Reg. 1314).

kunde wie in einer früheren Urkunde desselben Königs,[1] endlich am Ausgange unser Periode in einer Urkunde Konrads I.[2] Zahlreich sind die Belegstellen aus Privaturkunden, die Konstanz urbs nennen. 7 St. Gallener Urkunden[3] geben dem Orte diese Bezeichnung, in einer[4] heißt Konstanz civitas. Von den Schriftstellern nennen es urbs sowohl die poetische[5] wie die prosaische[6] Vita s. Galli, ferner Wandalbert in seinen Gedichten,[7] civitas die prosaische Vita s. Galli[8] und die Vita s. Ansgarii.[9] Der Johannes episcopus civitas Constantia findet sich auf der Synode von Attigny.[10] Von den oberrheinischen Fraternitätsbüchern nennt das der Reichenau[11] Konstanz civitas, das von Pfäffers[12] urbs. Die Vita s. Othmari, die die Bezeichnungen civitas und urbs nicht kennt, bezeichnet Konstanz ebenso wie Basel mit dem farbloseren Ausdrucke oppidum.[13] Humilis oppidi Constantiensis episcopus nennt sich Bischof Salomon von Konstanz in einem Schreiben an den Bischof von Straßburg,[14] indem er aus Höflichkeit die stolze Bezeichnung civitas vermeidet.

Auch Basel,[15] das in der Karolingerzeit verhältnismäßig selten erwähnt wird, heißt regelmäßig civitas, z. B. in den Annalen von St. Bertin,[16] in den Alamannischen Annalen,[17] in den Unterschriften der Synode von Attigny,[18] in den St. Gallener[19] und Reichenauer[20] Confraternitätsbüchern. Wie schon oben bemerkt wurde, nennt die Vita Othmari Basel ein oppidum.[21] Die in einer Lorscher Traditionsurkunde erwähnte villa Baselahe[22] ist das später mit der Stadt Basel vereinigte am rechten Rheinufer liegende Dorf Klein-Basel.

Viel reichlicher als über Basel fließen die Nachrichten über

---

[1] Wartmann I. n. 344 p. 318 (Reg. 1314).
[2] MG. KU. I. p. 6; Dipl. Konrad I. n. 5 (Reg. 2016).
[3] Wartmann I. n. 109, 122, 135, 146, 151, 176, 190.
[4] Wartmann I. n. 33.
[5] MG. Poetae II. p. 438.
[6] Mitt. z. vaterl. Gesch. XII. p. 19.
[7] MG. Poetae II. p. 592.
[8] Mitt. z. vaterl. Gesch. XII. p. 35.
[9] MG. SS. II. p. 707.
[10] MG. Capit. I. p. 221 n. 106.
[11] MG. Libri Confratern. I. p. 155.
[12] MG. Libri Confratern. I. p. 362.
[13] Mitt. z. vaterl. Gesch. XII. p. 117.
[14] MG. Formulae I. p. 417 (Form. Sangall. III. 33).
[15] Über Basel vergl. Heusler, Verfassungsgeschichte der Stadt Basel im Mittelalter. Basel 1870. — Boos, Geschichte der Stadt Basel von der Gründung bis zur Neuzeit. I. (Mittelalter.) Basel 1878.
[16] Annal. Bertin. 859 (p. 52).
[17] Annal. Alam. 912 (MG. SS. I. p. 55).
[18] MG. Capit. I. n. 106 p. 221.
[19] MG. Libri Confrat. I. p. 46, 144.
[20] MG. Libri Confrat. I. p. 155.
[21] MG. SS. II. p. 54.
[22] 788 (UB. Basel I. n. 3 p. 2).

Straßburg[1] (Argentoratum, Stratiburgus). Oft weilten in seinen Mauern die deutschen Könige, 7 Königsurkunden sind in der civitas Straßburg ausgestellt,[2] 4 andere nennen ebenfalls den Ort civitas,[3] eine urbs.[4] Von Schriftstellern, die die urbs Straßburg erwähnen, führe ich Gregor von Tours,[5] Einhard in der Translatio ss. Marcellini et Petri,[6] die Annales Fuldenses 842,[7] die Annales Bertiniani 842,[8] Ermoldus Nigellus[9] und den Continuator Reginonis 906[10] an. Der letztere gebraucht auch die Bezeichnung civitas. Überaus groß ist endlich die Zahl der in der civitas oder urbs Straßburg ausgestellten Privaturkunden für rheinische Klöster.[11] Eine erschöpfende Aufzählung aller Stellen, in denen Straßburg civitas oder urbs genannt wird, wäre zwecklos. Eine andere Bezeichnung habe ich nirgends gefunden.

Bei weitem größer ist noch die Zahl der Quellenstellen, in denen Worms[12] als urbs oder civitas bezeichnet wird. Es mögen im ganzen sich mehrere Hundert Belege finden. Ich begnüge mich, die in der civitas Worms ausgestellten Königsurkunden aufzuzählen.[13]

---

[1] Über Straßburg vergl.: Grandidier, Histoire de l'église et des évêques-princes de Strasbourg. Tom. I. II. Strasb. 1776—78. — Hegel, Zur Geschichte und Verfassung der Stadt (in: Die Chroniken der deutschen Städte. Bd. VIII. Straßburg. Bd. I. Leipzig 1870 p. 1 ff.). — Kruse, Verfassungsgeschichte der Stadt Straßburg. (Westdeutsche Zeitschrift. Erg. Bd. I. 1884 p. 1 ff.)

[2] 3 Urkunden Lothars I. (840): Grandidier II b. n. 113, 114 p. 212 f., Schöpflin, Alsat. dipl. I. n. 98 p. 76 (Reg. 1034—1036); 1 Urkunde Zwentibolds (896): Schöpflin I. n. 123 p. 97 (Reg. 1909); 3 Urkunden Ludwigs des Kindes (900, 902, 904): Bouquet IX. p. 371, Schöpflin I. n. 127 p. 100, Grandidier II b. n. 170 p. 317 (Reg. 1940, 1946, 1966).

[3] 1 Urkunde Ludwigs des Deutschen (856): Wiegand I. n. 27 p. 22 (Reg. 1375); 3 Urkunden Arnulfs (888, 889, 891): Wiegand I. n. 33 p. 28, Grandidier II b. 159, 160 p. 293, 295 (Reg. 1741, 1768, 1809).

[4] 1 Urkunde Ludwigs des Deutschen (873): Wiegand I. n. 32 p. 26 (Reg. 1454).

[5] Greg. Turon. Hist. Franc. IX. 36, X. 19.

[6] MG. XV. p. 243.

[7] Annal. Fuld. 842 p. 33.

[8] Annal. Bertin. 842 p. 27.

[9] MG. Poetae II. p. 84.

[10] Regino 906 p. 152.

[11] Die Urkunden sind sämtlich abgedruckt im Urkundenbuch der Stadt Straßburg. Bd. I. ed. Wiegand. Straßb. 1879.

[12] Über Worms vergl. Schannat, Historia episcopatus Wormatiensis. Franf. 1734. — Arnold, Verfassungsgeschichte der deutschen Freistädte. Bd. I. Hamburg und Gotha 1854. — Koehne, Der Ursprung der Stadtverfassung in Worms, Speier und Mainz. Breslau 1890. (Unters. zur deutschen Staats- und Rechtsgeschichte. Heft 31.) — Schaube, Zur Entstehung der Stadtverfassung von Worms, Speier und Mainz. Bresl. Progr. 1892.

[13] Reg. 137, 165, 220, 221, 256, 295, 741, 840, 841, 842, 891, 892, 893, 894, 896, 963, 1318, 1381, 1426, 1427, 1594, 1595, 1599, 1600, 1601, 1849, 1904.

Beispiele aus Privaturkunden bietet vor allem das neue Wormser Urkundenbuch.[1] Von den erzählenden Quellen erwähnten jedes größere Annalenwerk und zahlreiche kleinere Chroniken, Heiligenleben etc. zu wiederholten Malen die civitas oder urbs Wormacia. Eine Stelle, in der eine andere Bezeichnung vorkommt, ist mir nicht bekannt.

Weniger häufig wird genannt die civitas Speier.[2] Wo sie aber erwähnt wird, heißt sie immer entweder urbs, z. B. in einer Urkunde Arnulfs[3] oder civitas, z. B. in einer Urkunde Karls des Großen,[4] in einer Urkunde Ludwigs des Deutschen,[5] in den Annalen von Fulda[6] und St. Bertin,[7] in den Miracula s. Goaris,[8] in den Unterschriften des Pariser Konzils.[9]

Dagegen wird selbst Worms bei weitem übertroffen durch die dritte der mittelrheinischen civitates, Mainz[10] (Moguntia). In der civitas Mainz ausgestellte Karolingerurkunden giebt es allerdings nur 6[11], und auch im übrigen wird die civitas Mainz verhältnismäßig selten in Königsurkunden genannt.[12] Dagegen mögen die Beispiele aus Privaturkunden und erzählenden Quellen, welche die civitas oder urbs Moguntia erwähnen, nahe an die Zahl Tausend heranreichen. Die Annales Laurissenses, die Annales Einhardi,[13] die Annales Fuldenses,[14] die Annales Bertiniani,[15] das Chronicon Reginonis,[16] sie alle nennen kaum einen anderen Ort so häufig wie die Stadt Mainz, der anderen Annalen u. s. w. ganz zu geschweigen. Privaturkunden, die Mainz civitas nennen, finden sich besonders unter

---

[1] Urkundenbuch der Stadt Worms ed. Boos. Bd. I. Berlin 1886.

[2] Über Speier vergl. Rau, Regimentsverfassung von Speier. 2 Hfte. 1844, 45. — Remling, Geschichte der Bischöfe zu Speier. Bd. I. Mainz 1852. — Koehne, a. a. O. — Schaube, a. a. O.

[3] 888 (Wiegand I. n. 33 p. 28) (Reg. 1741).

[4] 782 (Hilgard 3 p. 3) (Reg. 245).

[5] 858 (Remling, UB. n. 7 p. 5) (Reg. 1393).

[6] Annal. Fuld. 876 p. 87.

[7] Annal. Bertin. 843 p. 29.

[8] MG. SS. XV. p. 364.

[9] 614 (MG. Conc. I. p. 192).

[10] Über Mainz vergl. Schaab, Geschichte der Stadt Mainz. 2 Bde. Mainz 1841, 44. — Hegel, Verfassungsgeschichte von Mainz (in: Die Chroniken der deutschen Städte. Bd. XVIII. Mainz. Bd. II. Abt. II. Leipzig 1882). — Koehne, a. a. O. — Schaube, a. a. O.

[11] 1 Urkunde Karls des Großen (790) (Beyer, MR. UB. I. n. 35 p. 39); 5 Urkunden Lothars I. (833 (3), 840, 841) (M Bo. XXXI. n. 33, 34, 35 p. 74, 77, 79, Forsch. z. d. Gesch. IX. p. 409, Dronke, C. d. Fuld. n. 537 p. 241) (Reg. 298, 1005—1007, 1037, 1053).

[12] z. B. in einer Urkunde Karls des Großen (779) (Dronke n. 48 p. 31); in einer Urkunde Ludwigs des Deutschen (868) (Forsch. z. d. Gesch. XVIII. p. 199) (Reg. 218, 1426).

[13] MG. SS. I. p. 134 ff.

[14] ed. Kurze. Hannover 1891.

[15] ed. Waitz. Hannover 1883.

[16] ed. Kurze. Hannover 1890

den Lorscher[1] und Fuldaer[2] Traditionsurkunden. Ein Urkundenbuch der Stadt Mainz fehlt uns leider immer noch. Stellen, in denen Mainz locus[3] oder oppidum[4] heißt, sind ganz vereinzelt. Nie kommt es als castrum, castellum, vicus oder villa vor.

Noch seltener als Mainz findet sich Köln[5] in Königsurkunden. Nur ein einziges Mal finde ich es als civitas in einer Urkunde Lothars II. (866)[6] erwähnt. Desto häufiger sind die Stellen aus Schriftstellern und Privaturkunden, die Köln die Bezeichnung civitas oder urbs beilegen, wenn ihre Zahl auch nicht die Zahl der Belegstellen für Mainz und Worms erreicht. Eine Aufzählung wäre zwecklos. Kölner Privaturkunden finden sich besonders bei Lacomblet,[7] ferner bei Ennen und Eckertz.[8]

In der urbs Trier[9] sind 2 Karolingerurkunden[10] ausgestellt, ebensoviel in der civitas Trier.[11] Weit häufiger findet sich Trier als urbs oder civitas erwähnt im Kontexte von Königsurkunden.[12] Auch bei Schriftstellern und in Privaturkunden[13] heißt die Stadt Trier regelmäßig civitas oder urbs und nur ausnahmsweise oppidum,[14] nie castrum, castellum, vicus oder villa.

Ziemlich beträchtlich ist die Zahl der in der civitas Metz[15]

[1] Codex principalis olim Laureshamensis abbatiae diplomaticus. T. I—III. Mannheim 1768—70.

[2] Dronke, Codex diplomaticus Fuldensis. Cassel 1850.

[3] Dronke n. 49 p. 32.

[4] Epist. Rhabani (MG. Poetae. II. p. 167).

[5] Über Köln vergl. Ennen, Geschichte der Stadt Köln. Bd. I. Köln u. Neuß 1863. — Hegel, Zur Geschichte und Verfassung der Stadt (in: Die Chroniken der deutschen Städte. Bd. XII. Cöln. Bd. I. Leipzig 1875 p. 1 ff.).

[6] Ennen u. Eckertz, Quellen z. G. d. St. Köln. Bd. I. n. 2 p. 448 (Reg. 1273).

[7] Lacomblet, Urkundenbuch für die Geschichte des Niederrheins. Bd. I. Düsseldorf 1840.

[8] Ennen und Eckertz, Quellen zur Geschichte der Stadt Köln. Bd. I. Köln 1860.

[9] Über Trier vergl. Hontheim, Historia Trevirensis diplomatica et pragmatica. Tom. I. Aug. Vindel. 1750. — Schoop, Verfassungsgeschichte der Stadt Trier. (Westd. Zeitschr. Erg. Bd. I. (1884) p. 64 ff.)

[10] Eine Urkunde des Majordomus Karl Martell (MG. SS. XXIII. p. 23) und eine Urkunde Zwentibolds (895) (Beyer, MR. UB. I. n. 139 p. 205) (Reg. 40, 1908).

[11] 2 Urkunden Zwentibolds (898, 899) (Beyer I. n. 147, 148 p. 212 f.) (Reg. 1929, 1930).

[12] Zuerst in einer Urkunde Karls des Großen (772) (Beyer I. n. 24 p. 28 f.) (Reg. 142) und in vielen folgenden Urkunden.

[13] bei Beyer, Urkundenbuch zur Geschichte der . . . . . . mittelrheinischen Territorien. Bd. I. Coblenz 1860.

[14] Monach. Sangall. I. 10 (MG. SS. II. p. 735).

[15] Über Metz vergl. Sauerland, Die Immunität von Metz von ihren

ausgestellten Karolingerurkunden.[1] Auch sonst heist Metz in dem Contexte der Königsurkunden,[2] in den Privaturkunden[3] und in darstellenden Werken regelmäßig civitas oder urbs, selten oppidum.[4]

Tongres endlich, die nördlichste der rheinischen Städte, ist in der Karolingerzeit von seiner früheren Bedeutung herabgesunken und wird nur noch an vereinzelten Stellen erwähnt. Civitas heißt der Ort in der Metzer Bischofsgeschichte[5] und in einem Briefe des Papstes Zacharias,[6] urbs bei Gregor von Tours,[7] bei Regino[8] und in der Metzer Bischofsgeschichte,[9] oppidum bei Gregor.[10]

Unter den Donaustädten giebt es nur 2 solche civitates, Augsburg und Regensburg. Von diesen beiden heißt Augsburg[11] immer, wenn es eine Ortsbezeichnung trägt, civitas z. B. in einer Urkunde Arnulfs,[12] in einem Briefe Gregors III.,[13] in einem Briefe des Bischofs Arsenius,[14] in den Lorscher Annalen,[15] in den Xantener Annalen,[16] in Einhards Annalen,[17] in Reginos Chronik.[18]

Anfängen bis zum Ende des elften Jahrhunderts. Metz 1877. — Doering, Beiträge zur ältesten Geschichte des Bistums Metz. Innsbruck 1886.

[1] 1 Urkunde Pipins (743) (MG. DD. I. Dipl. Arnulf. n. 17 p. 104); 1 Urkunde Lothars II. (858) (Bouquet VIII. p. 405); 3 Urkunden Ludwigs des Deutschen (875) (Bouquet VIII. p. 423 f., Histoire de Metz. Preuves I. p. 39); je 1 Urkunde Ludwigs des Jüngeren (879) (Hist. de Metz. Preuv. I. p. 40), Karls des Dicken (896) (Forsch. z. d. Gesch. IX. p. 416), Ludwigs des Kindes (901) (Martène, Coll. II. p. 36), Karls des Kahlen (869) (Bouquet VIII. p. 620), Karls des Einfältigen (912) (Bouquet IX. p. 515). (Reg. 52, 1250, 1472, 1473, 1475, 1521, 1674, 1949; Böhmer 1761, 1935.)

[2] Zuerst in einer Urkunde Chilperichs II. (717) (MG. DD. I. Dipl. Merov. n. 89 p. 79).

[3] Bei (Tabouillot) Histoire de Metz. Tom. IV. Preuves. Tom. I. Nancy 1781.

[4] Monach. Sangall. I. 10 (MG. SS. II. p. 735). In der Stelle MG. DD. I. Dipl. Merov. n. 89 p. 79 (Urkunde Chilperichs II. von 717): „sub opidum Mettensium civitatis" bedeutet opidum die ummauerte Stadt im Gegensatz zu civitas, dem Stadtgebiete.

[5] Gesta episc. Mettens. (MG. SS. II. p. 262.)

[6] 751 (Ep. Bonif. 88; MG. Epist. Merov. et Karol. aevi I. p. 373).

[7] Greg. Turon. Hist. Franc. II. 5. [8] Regino 881 p. 118.

[9] Gesta episc. Mettens. (MG. SS. II. p. 262.)

[10] Greg. Turon. Hist. Franc. II. 5.

[11] Über Augsburg vergl. Hegel, Zur Geschichte und Verfassung der Stadt (in: Die Chroniken der deutschen Städte. Bd. IV. Augsburg. Bd. I. Leipzig 1865 p. 1 ff.). — Berner, Zur Verfassungsgeschichte der Stadt Augsburg. Breslau 1879. (Unters. z. deutschen Staats- u. Rechtsgeschichte. Heft 5.)

[12] actum Augusta civitate (889) (MBo. XXXI. n. 62 p. 131) (Reg. 1791).

[13] c. 737 (Ep. s. Bonif. 44; MG. Epist. Merov. et Karol. aevi I. p. 292).

[14] Mansi XV. p. 327.

[15] Annal. Lauriss. mai. 787 (MG. SS. I. p. 172).

[16] Annl. Xant. 832 (MG. SS. II. p. 225).

[17] Annal. Einh. 787 (MG. SS. I. p. 173). [18] Regino 887 p. 128.

Was endlich Regensburg[19] betrifft, so war diese civitas ein Lieblingsaufenthalt der deutschen Karolinger. In keiner andern civitas, selbst Worms nicht ausgenommen, sind so viel Königsurkunden[2] ausgestellt worden. In allen diesen Urkunden heißt Regensburg civitas oder urbs. Dieselben Bezeichnungen trägt der Ort regelmäßig auch in den Privaturkunden[3] und in den erzählenden Quellen, nur in ganz vereinzelten Fällen wird er locus genannt.[4]

Mit diesen 13 Städten ist die Zahl der ausschließlich oder doch so gut wie ausschließlich civitas oder urbs genannten Orte erschöpft.[5] Alle anderen civitates werden auch unter der Bezeichnung castrum, castellum, villa oder vicus aufgeführt, nur die 13 genannten führen nie eine von diesen Benennungen. Es fragt sich: Beruht diese Ausnahmestellung der 13 Orte auf einem Zufalle, oder läßt sich für dieselbe ein annehmbarer Grund nachweisen.

Alle 13 Orte gehen auf Gründungen der Römerzeit zurück. Den römischen Ursprung teilen aber mit ihnen noch zahlreiche andere Kastelle. Alle 13 Orte sind befestigt. Daneben gab es aber in Deutschland noch eine Menge anderer befestigter Plätze. 11 von den 13 Orten waren civitates im römischen Sinne.[6] Daneben gab es aber auch alte römische civitates, die in karolingischer Zeit bloße Kastelle, Dörfer etc. waren, z. B. Bregenz, Kempten.

Dagegen waren 12 von den 13 Orten, und zwar die 12, die schon in merovingischer Zeit zum Frankenreiche im engeren Sinne gehört hatten, am Anfange des VII. Jahrhunderts Bischofssitze und zwar die einzigen Bischofssitze auf deutschsprachigem Gebiete. Sie waren also schon nach dem Sprachgebrauche der ersten Merovingerzeit civitates.[7] Nur die bayrische civitas Regensburg, die in einer ganz losen Verbindung mit dem Merovingerreiche stand, bildet eine Ausnahme. Bei ihr ist, wie wir weiter unten sehen werden, die Bezeichnung civitas auf andere Weise zu erklären.[8]

---

[1] Über Regensburg vergl. Gemeiner, Reichsstadt Regensburgische Chronik. Bd. I. Regensb. 1800. — Gemeiner, Über den Ursprung der Stadt Regensburg. Regensburg 1817. — Graf v. Walderdorff, Regensburg in seiner Vergangenheit und Gegenwart. 3. Aufl. Regensb. 1874. — Gfrörer, Verfassungsgeschichte von Regensburg. Stadtamhof 1882.

[2] Reg. 289, 303, 310, 311, 1302, 1306, 1308, 1312, 1313, 1321, 1327 etc.

[3] Bei Ried, Codex chronologico-diplomaticus episcopatus Ratisbonensis. Tom. I. Ratisb. 1816.

[4] Ried, a. a. O. I. n. 9. p. 7; Zahn, C. dipl. Austr. Fris. I. n. 18 p. 19.

[5] Ob Augst, das nur einmal in einer St. Gallener Traditionsurkunde (Wartmann I. n. 291 p. 271) civitas genannt wird, ebenfalls unter diese Orte gerechnet werden muss, ist zweifelhaft.

[6] Eine Ausnahme machen Konstanz und Regensburg.

[7] Siehe oben § 2 Seite 23 ff. [8] Siehe unten Seite 54.

3. **Die deutschen Bischofssitze der Merovingerzeit.**[1] Schon in den ersten Jahrhunderten unserer Zeitrechnung hatte in den römischen Provinzen am Rhein und an der Donau das Christentum festen Fuß gefaßt. Im IV. Jahrhundert lassen sich in Köln, Tongres und Trier schon Bischöfe nachweisen.[2] Auch von den übrigen civitates können wir mit großer Wahrscheinlichkeit das Bestehen von Bischofssitzen schon in der Römerzeit annehmen. Die germanische Invasion kann nur vorübergehend die Organisation der christlichen Gemeinden gebrochen haben. Seit dem Übertritte Chlodwigs und seines Frankenvolkes und seit der Unterwerfung und Bekehrung der Alamannen blühten fast in allen alten Römerstädten die bischöflichen Gemeinden wieder auf. Chur,[3] Basel,[4] Augsburg,[5] Straßburg,[6] Speier,[7] Worms,[8] Mainz,[9] Köln,[10] Trier,[11] Metz[12] waren am Anfange des VII. Jahrhunderts sämtlich Bischofssitze.

Daneben wurden auch manche ehemalige Kastelle zu Bischofssitzen erkoren. Eine römische Gründung ist wahrscheinlich der ziemlich sagenhafte Bischofssitz in dem oberrheinischen Augst (Augusta Rauracorum), das von einer civitas zu einem bloßen Kastelle herabgesunken war. Gewöhnlich wird angenommen, daß am Anfange der deutschen Herrschaft der Bischofssitz von Augst nach

---

[1] Vergl.: Rettberg, Kirchengeschichte Deutschlands. Bd. I. II. Göttingen 1848. — Friedrich, Kirchengeschichte Deutschlands. Bd. I. II. 1. Bamberg 1867, 1869. — Hauck, Kirchengeschichte Deutschlands. Tl. I. II. Leipzig 1887, 1890. — Loening, Geschichte des deutschen Kirchenrechts. Bd. I. II. Straßburg 1878. — Gelpke, Kirchengeschichte der Schweiz. Bd. I. II. Bern 1856, 1861.

[2] Vgl. Hauck, a. a. O. I. p. 29 f.

[3] Bischöfe von Chur sind 452 (Mansi VI. p. 144) und 614 (MG. Concil. I. p. 192) nachweisbar, vergl. Hauck, I. p. 89 f. Anm. 3.

[4] Als Bistum nachweisbar ca. 618 (Vita s. Eustasii 5 (Mabillon, AA. SS. II. p. 116)); vgl. Hauck, I. p. 89 f. Anm. 3.

[5] Als Bistum nachweisbar 591 (Mansi X. p. 466), vergl. Hauck, I. p. 89 Anm. 3.

[6] [7] [8] Als Bistum bezeugt 614 (MG. Concil. I. Conc. Paris. p. 192), vergl. Hauck, I. p. 123 Anm. 3.

[9] Bischof Sidonius von Mainz wird schon im VI. Jahrhundert von Venantius Fortunatus erwähnt (Venant. Fortunat. carm. II. 11, 12, IX. 9; MG. AA. IV. p. 40 f., 215), vergl. Hauck, I. p. 123 Anm. 3.

[10] Einen Kölner Bischof Carentius nennt schon im VI. Jahrhundert Venantius Fortunatus (Venant. Fortun. carm. III. 14; MG. AA. IV. p. 67), vergl. Hauck, I. p. 208.

[11] Bischof Nicetius von Trier erscheint schon 535 auf der Synode von Clermont (MG. Concil. I. p. 70).

[12] Ein Metzer Bischof Hesperius erscheint 535 auf der Synode von Clermont (MG. Conc. I. p. 70).

4*

Basel verlegt wurde.[1] Ich halte für wahrscheinlicher, daß am Ende der römischen Periode 2 Bistümer, Basel und Augst, nebeneinander bestanden, die bei dem Einbruche der Alamannen zu einem Bistume vereinigt wurden. Die ältesten Bischöfe nannten sich Bischöfe von Basel und Augst;[2] schließlich galt Basel als der alleinige Sitz.

Eine förmliche Translation des bischöflichen Sitzes von Tongres nach Maastricht, wie sie Friedrich[3] annimmt, läßt sich aus der von ihm angeführten Stelle des Gregor von Tours[4] nicht beweisen. Das aber steht unleugbar fest, daß die Bischöfe von Maastricht und ihre Nachfolger, die Bischöfe von Lüttich, soweit unsere Kenntnis heraufreicht, sich immer als die Nachfolger der alten tongrischen Bischöfe bezeichneten. Die Ausdrücke sedes oder episcopus Trajectensis, Leodiensis werden, besonders in den Königsurkunden, fast verdrängt durch die Ausdrücke sedes oder episcopus Tungrensis.[5] Mag die Verlegung stattgefunden haben oder nicht, als der eigentliche Bischofssitz hat bis spät in das Mittelalter immer Tongres gegolten, Maastricht und Lüttich waren nur dauernde Aufenthaltsorte des tongrischen Bischofs.[6]

Ganz anders verhält es sich mit der Translation des bischöflichen Sitzes von Vindonissa nach Konstanz. Während von 517 bis 549 auf den gallischen Synoden ein Bischof von Vindonissa erscheint,[7] verschwindet seit der Mitte des VI. Jahrhunders das Bistum Vindonissa aus der Geschichte, und vom Anfange des VII. Jahrhunderts taucht in derselben Gegend ein Bistum Konstanz auf.[8]

[1] Rettberg, a. a. O. II. p. 92 ff.; Friedrich, a. a. O. II. p. 447 ff.; Hauck, a. a. O. I. p. 89 Anm. 3, p. 304; Gelpke, a. a. O. II. p. 496 ff.

[2] Vita s. Eustasii 5 (Mabillon AA. SS. II. p. 116): Ragnacharius Augustanae et Basileae.

[3] Friedrich, a. a. O. I. p. 370 ff.

[4] Greg. Turon. Hist. Franc. II. 5; cf. Lib. in glor. conf. 71.

[5] z. B. Reg. 859, 1276, 1644, 1783, 1970, 1984, ferner MG. Conc. p. 70 Conc. Arvern. (535): episcopus ecclesiae Tongrorum quod et Traiecto; Beyer, MR. UB. I. n. 6 p. 7 (636); Annal. Gand. (636) (MG. SS. II. p. 186); Annal. Xant. (698) (MG. SS. II. p. 220); Acta s. Theodardi 4 (AA. SS. Sept. III. p. 588 ff.); Regino 869 p. 98; Annal. Bertin. 869, 883 p. 101, 153.

[6] Auch in der gallischen Kirche finden sich Beispiele, daß Bischöfe nicht in ihrer Bischofsstadt, sondern in einem anderen Orte ihrer Diöcese dauernd residierten. Die Bischöfe von Carpentras wohnten in Venasque (MG. Conc. I. p. 97, 149), die Bischöfe von Coutances in St. Lo (Brioveris) (MG. Conc. I. p. 110), die Bischöfe von Vermandois in Noyon (MG. Conc. I. p. 11); vergl. Loening, a. a. O. II. p. 106.

[7] Synode v. Epaon (517) (MG. Conc. I. p. 30), Synode von Orleans (541) (MG. Conc. I. p. 97), Synode von Orleans (549) (MG. Conc. I. p. 109).

[8] Zuerst am Anfang des VII. Jahrhunderts in der Vita s. Galli 16 (Mitt. z. vaterl. Gesch. XII. p. 19).

Eine Translation des Bistums ist sehr wohl möglich.[1] Während aber die Maastrichter und Lütticher Bischöfe des Mittelalters Tongres als ihre eigentliche Bischofsstadt betrachteten, findet sich während des ganzen Mittelalters keine einzige historische Nachricht über einen Zusammenhang des Bistums Konstanz mit dem alten Bistume Vindonissa. Erst der Konstanzer Domherr Manlius berichtet im Anfange des XVI. Jahrhunderts von einer Translation des bischöflichen Sitzes. Jedenfalls galt Konstanz, anders als Maastricht und Lüttich, während der Karolingerzeit als der eigentliche Bischofssitz. Vindonissa war vergessen. Dagegen war Tongres zwar sehr von seinei alten Höhe herabgesunken, aber immer noch eine Bischofsstadt.

Zählen wir die Bischofsstädte der ersten Merovingerzeit zusammen, so erhalten wir grade jene zwölf Orte, die auch in der Karolingerzeit als civitates bezeichnet werden. Zweifelhaft könnte man vielleicht darüber sein, ob nicht auch Augst am Anfange des VII. Jahrhunderts noch als Bischofssitz anzusehen ist. Ebenso zweifelhaft ist aber auch, ob Augst, das nur einmal[2] als civitas erwähnt wird, in der Karolingerzeit durchgängig als civitas bezeichnet wurde.

Auch in den östlich vom Lech gelegenen Gegenden[3] hatte das Christentum früh Wurzel geschlagen. Für mehrere Orte in den Donauländern werden uns schon am Ausgange der Römerzeit Bischöfe bezeugt. Während aber in den von den Franken und Alamannen eroberten Ländern die kirchliche Organisation die germanische Invasion überdauerte, ist im östlichen Rhätien und in Norikum dieselbe in den Stürmen der Völkerwanderung zu Grunde gegangen. Die eindringenden Feinde waren hier nicht nur Germanen; auch andere auf einer viel tieferen Kulturstufe stehende Völkerschaften avarischen und slavischen Stammes verwüsteten das Land, zerstörten die Städte und verbrannten die Kirchen. Auch nach der Einwanderung und Bekehrung der Bayern entstand keine kirchliche Organisation. Nur in Seben[4] scheint sich dauernd von der Römerzeit an ein bischöflicher Sitz erhalten zu haben. Leider wissen wir aber von diesem im Süden des Brenners gelegenen Bistum bis zum Ausgange der Karolingerzeit sehr wenig. Nur einmal wird Seben civitas genannt, aber in einer Quelle, die auch die anderen späteren bayrischen Bischofssitze als civitates bezeichnet.[5] Im übrigen Bayern

---

[1] Hauck, a. a. O. I. p. 304. [2] Vergl. oben Seite 50 Anm. 5.

[3] Vergl. besonders Glück, Die Bistümer Noricums (WSB. phil. hist. Cl. XVII. p. 60 ff.).

[4] Vergl. über Seben: Sinnacher, Beyträge zur Geschichte der bischöflichen Kirchen Säben und Brixen in Tyrol. Bd. I. Brixen 1821.

[5] In einer St. Gallener Handschrift der Notitia Galliarum (saec. IX.): civitas Sabionensis (MG. AA. IX. p. 594).

gab es bis 739 keine Einteilung in Bistümer, keine festen Bischofssitze,[1] nur Wanderbischöfe wie St. Rupert, St. Emmeram, St. Corbinian durchzogen das Land. Auch Bischof Vivilo, der spätere Passauer Bischof, scheint anfänglich ein bloßer Wanderbischof gewesen zu sein.[2] Von Bischofsstädten, von civitates in der Sprache des Merovingerreiches, kann man also in Bayern nicht reden. Daß trotzdem eine Stadt, Regensburg, immer civitas heißt, hat einen andern Grund.

Während nämlich im Merovinger- und Karolingerreiche die Könige von Ort zu Ort, von Pfalz zu Pfalz zogen und keinen dauernden Residenzort besaßen, gab es im Agilolfingerreiche eine wirkliche Hauptstadt, die bleibender Sitz der Herrscher war. Diese Hauptstadt war Regensburg. Deshalb heißt Regensburg auch allein im Gegensatze zu allen anderen bayrischen Orten stehend civitas oder urbs; ja, in der vita s. Emmerammi wird es sogar öfter ohne Hinzufügung des Ortsnamens kurzweg als urbs[3] bezeichnet. Regensburg ist die bayrische civitas.

4. **Die Ausdehnung des Sprachgebrauches von civitas.** Der Sprachgebrauch der Merovingerzeit, der jede Bischofsstadt als civitas bezeichnete, wurde also im VIII. und IX. Jahrhundert beibehalten für alle die Städte, die schon vorher civitates, schon vorher Bischofssitze waren. Er blieb aber auf diese Orte im wesentlichen beschränkt und wurde nur ausnahmsweise auf die seit dem Beginne des VIII. Jahrhunderts neu entstehenden Bischofsstädte übertragen. Wohl findet sich auch in der Karolingerzeit in Formelsammlungen und Rechtssatzungen der stehende Ausdruck episcopus civitatis.[4] Aber fast immer sind diese Quellen in den westlichen Gebieten des Reiches entstanden, in denen keine Neugründungen von Bistümern vorkamen. Für die östlichen Gebiete ist mir nur eine Stelle[5] bekannt, die von dem episcopus civitatis illius spricht. Der Canon 57

---

[1] Vergl. Hauck, a. a. O. p. 347.

[2] Die Passauer Legende berichtet, daß der Lorcher Bischofssitz im VIII. Jahrhundert nach Passau verlegt sei. Sämtliche Urkunden aber, die die Translation beweisen sollen, sind als spätere Fälschungen erwiesen, vergl. Dümmler, Piligrim von Passau und das Erzbistum Lorch. Leipzig 1854. — Uhlirz, Die Urkundenfälschungen zu Passau im X. Jahrhundert (MIÖG. III. p. 177 ff.). Das Bistum Lorch muß schon vor der Ankunft des heiligen Ruprecht zu Grunde gegangen sein (Conv. Bagoar. 1; MG. SS. XI. p. 5.), vergl. Hauck, a. a. O. I. p. 340.

[3] Vita s. Emmerammi 11, 20, 32, 33. (Anal. Bolland. VIII. p. 211 ff.)

[4] Formul. imper. 6, 12, 13, 17; Formul. Coll. Flav. 43, 44; Coll. s. Dionys. 3, 9; Form. Laudun. 17; Cod. Paris. 13090. 4; Cod. Paris. 4841. 4 (MG. Formulae. I. p. 292, 295, 295, 298, 480, 482, 501, 507, 520, 530, 532) u. s. w.

[5] Lex Baiuwar. I. 11 (MG. LL. III. p. 276).

der Synode von Laodicea, der auch im Karolingerreiche mehrmals eingeschärft wurde,[1] verbot in seiner lateinischen Fassung nur die Einsetzung von Bischöfen in Dörfern. Die neuen Bistümer wurden deshalb, wenn irgend möglich, in Kastellen errichtet. Ebenso war man in der Merovingerzeit verfahren. Während aber in jener Zeit seit der Errichtung des Bistumes die früheren Kastelle künftig immer civitates genannt wurden, behielten dieselben in der Karolingerzeit regelmäßig ihre frühere Benennung und wurden nur ausnahmsweise als civitates bezeichnet.

Noch in die letzten Jahre des VII. Jahrhunderts fällt die Gründung des Bistums Utrecht. Im Winter 695/696 ging der zum Bischof geweihte Angelsachse Willibrord nach Friesland und gründete in dem bisher zur Diöcese Köln gehörigen Kastelle Traiectum die bischöfliche Kirche zu Ehren des Heilands.[2] Auch nach der Errichtung des Bistums heißt Utrecht mindestens ebenso häufig castrum[3] und castellum[4] wie urbs[5] und civitas,[6] einmal wird es sogar bloß als vicus[7] bezeichnet.

Die eigentliche Zeit der kirchlichen Neugründungen beginnt aber erst mit dem Auftreten des Bonifacius, des Organisators der deutschen Kirche. Die ersten bedeutenden Erfolge desselben in der kirchlichen Organisation fallen in das Jahr 739. In diesem Jahre machte Bonifacius den ungeordneten kirchlichen Verhältnissen in Bayern ein Ende, indem er die 4 bayrischen Bistümer Regensburg, Passau, Freising und Salzburg errichtete und eine geordnete Diöcesaneinteilung herbeiführte. Von den vier neuen Bischofsstädten war Regensburg Hauptstadt des agilolfingischen Reiches und wurde schon vorher immer civitas genannt, Passau war ein ziemlich großes aus römischer Zeit stammendes Kastell. Ob das castrum Freising eine römische Gründung oder eine deutsche Burg war, wissen wir nicht. In Salzburg war die alte römische Stadt völlig zerstört. Auf ihrer Stelle entstand allmählich im Anschluß an die Burg Salzburg auf dem Nonnberge ein Burgflecken, der von der Burg seinen Namen erhielt.

---

[1] Admonitio generalis (789) 19; Synod. Franconof. (794) 22 (MG. LL. Capit. I. p. 55, 76): Quod non oporteat in villolis vel in agris episcopos constitui.
[2] Vergl. Hauck, I. p. 397 ff.
[3] MG. DD. I. p. 99; Dipl. Arnulf. n. 11; MG. SS. II. p. 361.
[4] Sloet, OB. I. n. 30 p. 33; MG. Epist. Merov. et Karol. aevi I. p. 395; Baeda, Hist. eccl. V. 11; Altfridi Vita s. Liudgeri I. 4; MG. Poetae I. p. 207.
[5] MG. Poetae I. p. 211; Vita s. Bonifacii 8 (Jaffé, Bibl. III. p. 463, 467 f.).
[6] Sloet, OB. I. n. 33 p. 36; MG. Epist. Merov. et Karol. aevi I. p. 373; Vita s. Gregorii (MG. SS. XV. p. 71).
[7] Mieris I. p. 6 (Urkunde Karls des Großen) (Reg. 129).

Von den Neugründungen behielt Passau auch nach der Errichtung des Bistums seine alte Bezeichnung als castrum nicht nur in agilolfingischer,[1] sondern auch in karolingischer[2] Zeit. Häufiger ist allerdings die Benennung civitas[3] oder urbs.[4] Wir dürfen aber nicht vergessen, daß die Quellenstellen, die Passau civitas oder urbs nennen, abgesehen von drei Königsurkunden,[5] sämtlich sich in Passauer Traditionsurkunden finden, also in Quellen von rein lokalem Charakter, für die es sehr nahe lag, anstatt der angemesseneren einfacheren Bezeichnung castrum die besser klingende Benennung civitas zu gebrauchen. Andrerseits wird Passau nicht nur in andern Traditionsurkunden castrum genannt,[6] sondern es führt auch in zwei Urkunden bloß die Bezeichnung villa.[7]

Freising, dessen Urkundenreichtum bekannt ist, heißt regelmäßig castrum,[8] seltener oppidum[9] oder locus.[10] Ganz vereinzelt findet sich die Benennung civitas[11] oder urbs,[12] sowie die Bezeichnung villa.[13]

Was endlich Salzburg[14] betrifft, so muß man unterscheiden zwischen der auf dem Nonnberge gelegenen Burg Salzburg, die regelmäßig als castrum superius bezeichnet wird,[15] und dem am Fuße

---

[1] 754, 788 (MBo. XXVIII. 2. n. 15 p. 14 f., n. 62 p. 51, n. 75 p. 60, n. 81 p. 65).

[2] 803 (MBo. XXVIII. 2. n. 86 p. 68).

[3] MBo. XXVIII. 2. n. 5, 8, 19, 26, 27, 28 etc. p. 7, 9, 17, 24, 26, 27 ff.

[4] MBo. XXVIII. 2. n. 14, 18, 34, 61 p. 13, 17, 31, 50; UB. des Landes ob der Enns. Bd. II. n. 36 p. 51.

[5] MBo. XXVIII. 1. n. 89 p. 124 (Urkunde Arnulfs); MBo. XXXI. n. 7, p. 18 (Urkunde Karls des Großen); MBo. XXXI. n. 89 p. 177 (Urkunde Ludwigs des Kindes). (Reg. 1897, 305, 1988.)

[6] Vergl. oben Anm. 1, 2.

[7] MBo. XXVIII. 2. n. 7 p. 9, n. 76 p. 62.

[8] 744 ff. (Roth, Kozrohs Renner. n. 7 p. 46 ff.); 757 ff. (Meichelbeck, Histor. Frisingensis. Tom. I. Pars inst. n. 4. p. 26 ff.); 774 ff. (Graf Hundt in: Abhandl. d. München. Akad. hist. phil. Cl. XII. n. 3 p. 216 ff.)

[9] Zuerst 759 (Meichelbeck, a. a. O. n. 6 p. 27), später auch an anderen Stellen.

[10] Seit 744 (Roth, a. a. O. n. 7 p. 46) öfters.

[11] Nur einmal 819 (Meichelbeck, n. 398 p. 212).

[12] 757 (Meichelbeck, n. 5. p. 27); 855 (Zahn, C. dipl. Austr. Fris. I. n. 15. p. 17).

[13] 772, 773 (Meichelbeck, n. 29 p. 46; n. 38 p. 51). An der erstgenannten Stelle trägt der Ort eine doppelte Bezeichnung: actum in villa publica Castro Frigisingas. Wahrscheinlich sind unter der villa Freising die außerhalb der Mauer gelegenen Ansiedlungen zu verstehen, vergl. unten Seite 64.

[14] Über Salzburg vergl. Zillner, Geschichte der Stadt Salzburg. 2 Bde. Salzburg 1885, 1890.

[15] Indic. Arnonis. I. 1, VII. 1.; Brev. Notit. II. 3, IV. 1, VII. 1; Conv. Bagoar. 1 (MG. SS. XI. p. 5); Ried, C. dipl. Rat. I. n. 41 p. 43. Auch mit der curtis publica qui dicitur Salzpur (788) (MBo. XXVIII. 2. n. 81 p. 65) ist wohl das Kastell Salzburg gemeint.

der Burg gelegenen Ort Salzburg, der anfangs außer dem Kloster zu St. Peter, das zugleich Residenz des Bischofs war, wahrscheinlich nur wenige Gebäude zählte.[1] In den bayrischen Quellen heißt dieser Burgflecken regelmäßig locus[2] oder oppidum.[3] Von den Königsurkunden, deren die Salzburger Kirche ziemlich viel besaß, vermeiden die meisten die Ortsbezeichnung und sprechen bloß von der ecclesia Juvavensis,[4] dem sedes Juvavensis,[5] dem monasterium quod dicitur Salzburch[6] etc. Bloß einmal nennen sie Salzburg civitas,[7] zweimal urbs.[8]

Da die späteren Bistumsgründungen seit dem Jahre 740 ausnahmslos in das Gebiet rechts vom Rhein und nördlich von der Donau fallen, das nie im Besitze der Römer war, und in dem es nie römische Städte und Kastelle gab, so werden dieselben besser hier nicht besprochen. Hier sei nur noch erwähnt, daß auch der offene Ort Lüttich, der seit dem VIII. Jahrhundert Residenzort der tongrischen Bischöfe war, an einer Stelle[9] civitas heißt, während er sonst regelmäßig die Bezeichnungen vicus[10] oder villa[11] führt.

Soviel geht aus dem oben Gesagten mit Sicherheit hervor: Während die älteren Bischofsstädte regelmäßig civitas oder urbs, selten oppidum oder locus, nie castrum, castellum, villa oder vicus genannt werden, kommt für die späteren Bischofsstädte zwar auch die Bezeichnung civitas oder urbs vor, daneben finden sich aber auch die Bezeichnungen castrum, castellum, villa, vicus, und zwar bilden dieselben in den meisten Fällen die Regel.

---

[1] Das Wort monasterium wird für Salzburg oft geradezu wie eine Ortsbezeichnung gebraucht, z. B. Annal. s. Emmer. mai. 803: Carlus ad Salzburc monasterium fuit (MG. SS. I. p. 93).

[2] Brev. Notit. Einl. II. 1; Conv. Bagoar. 1 (MG. SS. XI. p. 5); Carm. Salisb. I. (MG. Poetae II. p. 638).

[3] Indic. Arnonis Einl. I. 1, VI. 23; Brev. Notit. IV. 1; Willib. Vita s. Bonifacii 7 (Jaffé, Bibl. III. p. 457).

[4] Zahn, Steierm. UB. I. n. 4 p. 5; Juvavia n. 18 p. 63, n. 19 p. 65 u. s. w.

[5] Juvavia n. 60 p. 121.

[6] Juvavia n. 59 p. 120.

[7] Urkunde Ludwigs des Jüngeren (881) (Juvavia n. 46 p. 104; Reg. 1531); vergl. auch Annal. Juvav. mai. 803: in Juvavense civitate (MG. SS. I. p. 87).

[8] Urkunde Karls des Großen (790) (Juvavia n. 9 p. 50); Urkunde Arnulfs (892) (Juvavia n. 57 p. 118) (Reg. 301, 1819). Außerdem nennen die Carm. Salisb. I. (MG. Poetae II. p. 638) Salzburg einmal urbs.

[9] Regino 881 p. 118.

[10] Annal. Lauriss. mai. 769, Annal. Einh. 769 (MG. SS. I. p. 147 f.); Annal. Bertin. 854, 858 p. 44, 50; Annal. Xant. 698 (MG. SS. II. p. 220); Transl. s. Marcellini et Petri III. 10 (MG. SS. XV. p. 251); Urkunde Lothars I. (854) (Beyer, MR. UB. I. n. 86 p. 92; Reg. 1130).

[11] Transl. s. Germani (MG. SS. XV. p. 8); Acta s. Theodardi 18 (AA. SS. Sept. III. p. 588); Vita s. Lamberti 15, 16, 23, 25 (AA. SS. Sept. V. p. 574 ff.).

Aber nicht nur auf Bischofsstädte, auch auf einfache Kastelle wurden die Bezeichnungen urbs oder civitas ausgedehnt. Sowohl civitas wie castrum wurde in der deutschen Sprache wiedergegeben durch das Wort „Burg“.[1] Sowohl die mit castrum wie die mit civitas zusammengesetzten römischen Ortsnamen verdeutschte das Volk durch Namen, die auf „burg“ endeten. Aus Bedense castrum wurde „Bitburg“, aus Lupodunum castrum „Lobedeneburg“, castra resp. civitas Regina hieß „Reginesburg“, die civitas Augusta nannte man „Augsburg“. Die Folge war, daß vielfach die Bezeichnungen civitas und castrum, die für die deutsche Volkssprache dasselbe bedeuteten, auch in der Schriftsprache in einander flossen. Man nannte zwar keine civitas castrum, aber manches castrum, und zwar nicht nur eins, das Bischofssitz war, civitas oder urbs, z. B. Ladenburg,[2] Bingen,[3] Boppard,[4] Koblenz,[5] Bonn,[6] Deutz,[7] Maastricht.[8] Doch sind die Fälle, die in Betracht kommen, ziemlich vereinzelt; im allgemeinen hat die Karolingerzeit den Unterschied zwischen civitas und castrum noch ziemlich scharf aufrecht erhalten.

II. Die inneren Verhältnisse der civitates.

§ 6.

1. Ausdehnung der civitas. Suburbium. Mark. Ummauerung. Vorstädte. Klöster. Kirchen. Märkte. Grundstücke. Stadtviertel- und Häusernamen.

1. **Ausdehnung der civitas.**[9] Bevor wir auf die inneren Verhältnisse der civitates eingehen, handelt es sich für uns darum, die Ausdehnung der karolingischen civitas festzustellen. Während in Gallien civitas und urbs sowohl die unmauerte Stadt wie die Diöcese

[1] Vergl. darüber unten Seite 95 ff.
[2] C. dipl. Laur. I. n. 226, 274 p. 320, 353; Dronke n. 25 p. 16.
[3] Annal. Fuld. 858 p. 51. [4] Dronke n. 214 p. 113.
[5] Annal. Xant. 842 (MG. SS. II. p. 227).
[6] Annal. Fuld. 881 p. 97; Regino 881 p. 118.
[7] Annal. Einh. 778 (MG. SS. I. p. 159).
[8] MG. Epist. Merov. et Karol. aevi I. p. 373 n. 88; Sloet, OB. I. n. 33 p. 36; Vita s. Gregorii 5 (MG. SS. XV. p. 71); Vita s. Willibrordi 11 (MG. Poetae I. p. 211); Vita s. Bonifacii 8 (Jaffé, Bibl. III. p. 463, 467 f.).
[9] Vergl. Hegel, Lateinische Wörter und deutsche Begriffe. (N. A. XVIII. p. 209 ff.)

des in der Stadt residierenden Bischofs und den damit zusammenfallenden Stadtgau bedeuten konnte, läßt sich im deutschen Gebiete eine Bezeichnung der Diöcese als civitas oder urbs nirgends mit Sicherheit nachweisen. Der Ausdruck episcopus civitatis,[1] mag er nun allein in einer Formelsammlung oder einem Gesetze stehen, oder mag er in Verbindungen wie episcopus Wormaciensis, Argentoratensis, Mettensis civitatis etc. vorkommen, kann ebenso mit „Bischof der Stadt" wie mit „Bischof der Diöcese" wiedergegeben werden. Wir wissen nicht, ob mit diesem Ausdrucke eine Bezeichnung nach dem Residenzorte oder eine Bezeichnung nach dem Sprengel beabsichtigt ist. In einer Stelle des Regino,[2] in welcher er von dem Bischof von Angers spricht, cuius civitatis termini coherebant finibus Britanniae, läßt sich termini sowohl mit „Gebiet" wie mit „Grenzen" übersetzen; man kann unter den termini civitatis also eben so gut „das zur Bischofsstadt gehörige Gebiet" wie „die Grenzen der Diöcese" verstehen. Während bei Gregor von Tours[3] eine große Menge von Stellen sich findet, aus denen mit Sicherheit die Bedeutung: „civitas oder urbs = Diöcese" hervorgeht, läßt sich in den in Deutschland entstandenen Quellen kein derartiges Beispiel nachweisen. Die Diöcese heißt in Deutschland regelmäßig diocesis, parrochia etc., nie civitas oder urbs.

Ebenso wenig wird in Deutschland der Gau civitas genannt. Während in Gallien, wo die römisch-keltische Bevölkerung überwog und das germanische Element in der Minderzahl war, die Gaueinteilung sich eng anschmiegte an die schon bestehende Diöcesaneinteilung, fallen in Deutschland die Grenzen der Diöcesen und Gaue durchaus nicht immer zusammen. Allerdings giebt es eiuen Metzer Gau, einen Trierer Gau, einen Kölngau, einen Wormsgau, einen Speiergau, einen Baselgau, einen Churgau, daneben aber bestehen zahlreiche andere Gaue in der Trierer, der Kölner und anderen Diöcesen, die nicht, wie die kleinen Gaue in Frankreich, durch spätere Teilungen der Stadtgaue entstanden zu sein scheinen, sondern wahrscheinlich schon von Anfang an bestanden haben. Nicht weil sie mit der Diöcese Trier, Köln etc. zusammenfielen, sondern weil die civitates Trier, Köln etc. die bedeutendsten Orte in ihnen waren, haben der Trierer Gau, der Kölner Gau etc. ihre Benennung erhalten. Auch viele Kastelle haben den Gauen, in denen sie lagen, ihre Namen gegeben; ich nenne Zülpich, Jülich, Bonn u. a. Andrerseits fehlt es nicht an civitates wie Tongres, Mainz, Straßburg, Konstanz, deren Namen in keinem Gaunamen wiederkehren. Ja,

[1] Siehe oben Seite 54 Anm. 4. [2] Regino 862 p. 80.
[3] Siehe oben Seite 26.

die bedeutendste civitas des ostfränkischen Reiches, Mainz, ist nicht einmal Gauhauptstadt gewesen, sondern lag in dem nach der civitas Worms benannten Wormsgau.[1] Wir haben also in Deutschland die Erscheinung, daß zwei civitates in einem Gaue liegen, ein Vorkommnis, das in Frankreich unmöglich wäre. Was endlich Bayern betrifft, so ist dort die Diöcesaneinteilung jünger als die Gaueinteilung; die letztere kann also nicht die erstere zum Muster genommen haben.

Wird schon die Diöcese, die wenigstens regelmäßig eine civitas als Mittelpunkt hatte, im ostfränkischen Reiche nicht mehr selbst civitas genannt, so kommt für den Gau, der mit der civitas kaum noch in Beziehung stand, selbstverständlich der Ausdruck civitas auch nicht mehr vor. Wenn Meginhard in den Fuldaer Annalen[2] erzählt, Karl der Kahle habe versucht cunctas civitates regni Hludowici in occidentali litore Rheni fluminis positas suo regno addere, id est Mogontiam, Wormatiam et Nemetum, so liegt eine nachlässige Schreibweise vor, die statt des Ganzen den Teil, statt des Gebietes die hauptsächlichsten darin liegenden Orte nennt; keinesfalls sind aber unter den civitates, wie Hegel[3] meint, die „Stadtgaue" zu verstehen, denn Mainz hat nie einen Stadtgau gehabt.

Die territoriale Bedeutung der Worte civitas und urbs ist also auf deutschem Gebiete verloren gegangen. Weder Gau noch Diöcese werden mit diesen Ausdrücken bezeichnet. Trotzdem werden auch in Deutschland die beiden synonymen Worte in verschiedenem Umfange gebraucht. Sie bedeuten entweder bloß die ummauerte Stadt oder auch das dieselbe umgebende, zu ihr gehörige Gebiet, die „Stadtmark". Hegel hat in seinem oben[4] genannten Aufsatze Beispiele dafür angeführt, daß unter urbs und civitas unter Umständen nicht nur die ummauerte Stadt, sondern auch das umliegende Gebiet zu verstehen ist. Allerdings kann ich die von ihm zitierten Stellen nicht als sehr beweiskräftig anerkennen. Dagegen wird die doppelte Bedeutung von civitas resp. urbs mit Sicherheit bewiesen durch den Umstand, daß dieselben außerhalb der Mauern gelegenen Orte bald als in der civitas (urbs), bald als außerhalb derselben gelegen bezeichnet werden. Die Klöster St. Maximin bei Trier,[5] St. Arnulf

---

[1] Dronke n. 48: in pago Wormacense . . . . . in Mogontia civitate etc. Im Lorscher Codex, in dem die Traditionsurkunden nach Gauen geordnet sind, stehen die Mainzer Urkunden unter den Urkundnn über Güter im Wormsgau.

[2] Annal. Fuld. 876 p. 86; vergl. Ann. Bert. 843 p. 29.

[3] Hegel, a. a. O. p. 211. [4] Vergl. Seite 58 Anm. 9.

[5] Coenobium in civitate Treviris in honore Christi et s. Maximini (888) (Beyer, MR. UB. I. n. 125 p. 131); monasterium s. Maximini . . . . quod situm est iuxta urbem Trevericam in latere sinistro (853) (Beyer, MR. UB. I. n. 83 p. 88).

bei Metz,[1] St. Alban bei Mainz[2] und andere werden bald als in der Stadt, kald als außerhalb der Stadt gelegen genannt. Civitas oder urbs heißt also sowohl die ummauerte Stadt wie das die Stadt unmittelbar umgebende Gebiet.

2. **Mark und Suburbium.** Für das im Umkreise der Stadt gelegene Gebiet finden sich zwei verschiedene Bezeichnungen, marca und suburbium. Von diesen beiden Ausdrücken wird der erstere nicht ausschließlich für die civitates gebraucht. Auch Kastelle und Dörfer haben ihre Mark. Ein Surburbium dagegen kann, wie schon der Name sagt, nur eine urbs haben. Aber auch in ihrem Wesen unterscheiden sich Mark und Suburbium. Die Mark ist ein fest bestimmter geschlossener Bezirk,[3] das der städtischen Markgenossenschaft gehörige Gebiet. Ob alle civitates nur eine Mark gebildet haben, oder ob manche in mehrere Markgenossenschaften zerfallen sind, wissen wir nicht.[4] Erwähnt wird uns nur die Mainzer[5] und die Wormser Mark.[6]

Dagegen ist unter suburbium kein bestimmtes geschlossenes Gebiet zu verstehen. Der Ausdruck „situm in suburbio" bedeutet nichts anderes als „in der Nähe der Stadt gelegen". Deshalb wird der Begriff suburbium bald weiter, bald enger gefaßt. Meist wird er gebraucht, um die Lage der außerhalb der Stadtmauern gelegenen Klöster zu bezeichnen.[7] Bisweilen werden aber auch andere entferntere Orte als in dem suburbium liegend genannt. Nach der

---

[1] in basilica beati Arnulfi confessoris Mettis urbe (708) (Fredegar. cont.; MG. SS. rer. Merov. II. p. 172); Mediomatrico .... in basilica s. Arnulfi (840) (Regino p. 74); basilicam s. apostolorum (alter Name für St. Arnulf) iuxta urbem Mettis constructam (691) (MG. DD. I. p. 92; Dipl. Arnulf. 2); monasterium s. Arnulphi ..... quod est constructum haud longe a moenibus Mediomatricae urbis (840) (Bouquet VIII. p. 394 n. 40) u. s. w.

[2] actum in Mogontia civitate ad basilicam s. Albani (813) (Dronke n. 417 p. 187); monasterium s. Albani extra muros Moguntine civitatis constructum (868) (Forsch. z. d. Gesch. XVIII. p. 199) u. s. w.

[3] Dagen ist die Mark nicht notwendig ein fest abgegrenzter Bezirk. Bei den Dorfmarken wenigstens werden die Markgrenzen vielfach durch dichte Wälder, breite Striche Ödland etc. gebildet. Die meisten civitates allerdings werden schon in merovingischer Zeit fest begrenzte Marken besessen haben.

[4] Siehe unten Seite 87 ff.

[5] in Megunzer marca (C. dipl. Laur. II. n. 1980 p. 348); in marcu Mogontie (Dronke n. 43, 64 p. 28, 41).

[6] in marca Wormacia (Boos, UB. Worms I. n. 7 p. 4).

[7] Schon Gregor von Tours braucht den Ausdruck für eine deutsche Stadt: Est et apud urbem Trevericae suburbano s. Maximinus (Greg. Turon. lib. in glor. confess. 91 p. 806); vergl. monasterium s. Eucharii in suburbio Trevirensi (706) (Beyer, MR. UB. I. n. 7 p. 9); monasterio quod in suburbio Treverorum in honore s. Joannis evangeliste constructum esse dinoscitur (729) (Urkunde

(allerdings verdächtigen) Urkunde Herzog Adalberts von 722 lag die Pfalz Königshofen in dem suburbium von Straßburg,[1] zu dem suburbanum von Augsburg gehörte das Lechfeld.[2] Das suburbium von Mainz umfaßte sowohl Ingelheim,[3] wie Kostheim,[4] also Orte, die kaum mehr zur Mainzer Mark gehört haben.[5] Identisch mit suburbium scheint mir der Ausdruck territorium gebraucht in einer Stelle der Fuldaer Annalen, welche die villa Hohstedi (Höchst) quae est in territorio Mogontiaco nennt.[6]

Ob die Worte civitas und urbs, im weiteren Sinne gebraucht, das suburbium oder die Mark bezeichnen, läßt sich schwer entscheiden. In den meisten Fällen, besonders in Traditionsurkunden, wird wohl nur die festbegrenzte Mark, nicht das unbestimmte suburbium zu der civitas gerechnet sein.

3. **Die ummauerte Stadt. Vorstädte.** Die eigentliche urbs, die civitas im engeren Sinne, war ebenso wie in römischer Zeit immer ummauert.[7] Regelmäßig waren auch die Mauern dieselben wie in

---

Papst Gregors II.: Beyer, MR. UB. I. n. 9 p. 12; Jaffé, reg. 2179); actum Metis civitate in suburbio ad s. Arnulfum (875) (Urkunde Ludwigs des Deutschen: Bouquet VIII. p. 424 n. 7; Reg. 1473) u. s. w.

[1] Wiegand, UB. Straßburg I. n. 3 p. 3: actum Stratburgo civitate in curte regia ville, que est in suburbano civitatis novo. Das Original sowohl, wie das einzige Honauer Copialbuch (saec. XI.), das die Urkunde enthielt, sind verloren. Wir besitzen nur eine Abschrift von Coccius, die Anfang und Schluß der Urkunde enthält. Dies Fragment ist abgedruckt zuerst bei Grandidier, Tom. I. n. 31 p. 53.

[2] Ann. Lauriss. mai. 787 (MG. SS. I. p. 172): in loco ubi Lechfeld vocatur super civitatem Augustam; Ann. Einhardi 787 (MG. SS. I. p. 173): super Lechum fluvium . . . . . in Augustae civitatis suburbano.

[3] Ann. Einhardi 787 (MG. SS. I. p. 173): in suburbano Mogontiacense in villa quae vocatur Ingilunheim.

[4] Ann. Lauriss. mai. 795 (MG. SS. I. p. 180): rex venit ad locum qui dicitur Cuffinstang et in suburbium Maganciacensis urbis.

[5] Zwischen Ingelheim und Mainz lagen die Dörfer Brezzenheim und Wackernheim, welche eigene Markgenossenschaften bildeten; vergl. C. d. Laur. II. p. 185 n. 1347: in Brizzenheim marca; C. d. Laur. II. p. 171 ff. n. 1298 bis 1303: in Waccanheim marca. Kostheim lag in einem anderen Gaue als Mainz. Schon deshalb ist nicht anzunehmen, daß es zur Mainzer Markgenossenschaft gehörte.

[6] Ann. Fuld. 849 p. 39: villa Hohstedi quae est in territorio Mogontiaco.

[7] Die Mauern von Metz werden erwähnt 715 (MG. DD. I. p. 214; Dipl. Arnulf. spur. 7; besser bei Wolfram, JB. f. lothr. Gesch. I. p. 43) (Urkunde des Hugo sacerdos): foris murum Mettis civitate und öfter; die Mauern von Trier 704 (Beyer, MR. UB. II. Nachtr. I. n. 1 p. 1): infra muros Treveris civitate u. s. w.; die Mauern von Köln 794—800 (Lacomblet I. n. 15 p. 9): extra muros civitatis Coloniensis u. s. w.; die Mauern von Mainz 750 (Dronke n. 2 p. 1): infra murum civitatis Mogontie u. s. w.; die Mauern von Worms 897 (Boos, UB. Worms I. n. 25 p. 15): infra muros eiusdem urbis u. s. w.; die Mauern von

römischer Zeit oder sie waren wenigstens auf den Resten der römischen Mauern aufgebaut. Für manche Städte z. B. für Köln können wir mit Sicherheit das Zusammenfallen der römischen und der frühmittelalterlichen Mauern nachweisen.[1] Wenn die eindringenden Germanen auch viele Verheerungen in der römischen Befestigung angerichtet hatten, ein großer Teil der römischen Mauern und vor allem die Fundamente blieben bestehen. Als die Deutschen anfingen, die Ummauerung wieder zu erneuern, war es für sie natürlich das bequemste, die Lücken in dem noch vorhandenen römischen Mauerringe auszubessern oder wenigstens auf den alten Fundamenten die neue Mauer zu errichten. Eine solche Wiederherstellung der zerstörten Mauern im Frankenreiche läßt sich schon im VI. Jahrhundert unter König Chilperich — allerdings nur für Neustrien — nachweisen.[2] In Austrasien hat man wahrscheinlich erst später mit der Erneuerung der Mauern begonnen. Vielleicht hat König Dagobert, den die Sage als Wiedererbauer und Wiederbefestiger der Stadt Mainz feiert,[3] den Anfang gemacht. Die erste, allerdings nicht ganz unanfechtbare gleichzeitige Nachricht über den Wiederaufbau einer deutschen Stadt haben wir in einer Urkunde Herzog Adalberts für das Kloster Honau vom Juni 722,[4] in welcher der Herzog sich als den Wiedererbauer der Stadt Straßburg bezeichnet. Von einer Ausbesserung der Mauern von Mainz berichten die Fuldaer Annalen zum Jahre 882,[5] ein Jahr später fand auch eine Erneuerung der Kölner Mauern[6] statt. Hie und da scheinen bei dem Wiederaufbau auch neue Stadtteile schon in karolingischer Zeit in den Mauerring hineingezogen zu sein. Ein solcher neuer Stadtteil war wahrscheinlich die nova civitas in Straßbnrg.[7] Ferner läßt auf eine Erweiterung der Stadt Mainz schon in früher Zeit das Bestehen eines murus qui dicitur Cestrina, der von der Stadtmauer streng

---

Straßburg 780 (Wiegand, UB. Straßburg I. n. 18 p. 15): infra murus civitatis Argentoratinse u. s. w. u. s. w.

[1] Vergl. Ennen, Geschichte der Stadt Köln. Bd. I. p. 81.

[2] Misitque ad duces et comites civitatum nuntius, ut murus componerent urbium (Greg. Turon. Histor. Franc. VI. 41 p. 281).

[3] Vergl. Schaab, Geschichte der Stadt Mainz. Bd. I. p. 166 f.

[4] actum Stratburgo civitate in curte regia ville, que est in suburbano civitatis novo, quam ego ex novo opere construxi (Wiegand, UB. Straßburg I. n. 3 p. 3). Vergl. über diese Urkunde oben Seite 62 Anm. 1.

[5] Ann. Fuld. 882 p. 97: Murus Mogontiae civitatis restaurari coeptus et fossa murum ambiens extra civitatem facta.

[6] Annal. Fuld. 883 p. 100: Agripina Colonia absque aecclesiis et monasteriis reaedificata et muri eius cum portis et vectibus et seris instaurati.

[7] Infra nova civitate (791, 801) (Wiegand, UB. Straßburg I. n. 20, 21 p. 16 f.).

unterschieden wird, innerhalb der Stadt schließen.[1] Eine Erweiterung der Stadt bis zum Rheinufer erfolgte erst unter Erzbischof Hatto (891—913).[2] Bei den meisten anderen Städten läßt sich erst seit dem XII. Jahrhundert eine Vergrößerung des ummauerten Gebietes nachweisen.

Die Einwohnerschaft der civitates beschränkte sich aber nicht auf die ummauerte Stadt, auch außerhalb der Mauern gab es bedeutende Vorstädte. Manche von diesen Ansiedlungen gehen unzweifelhaft auf römische Anlage zurück. Besonders neben den aus Lagern entstandenen Städten bestanden sicher schon in früher Zeit nicht unbedeutende Ansiedlungen, die wahrscheinlich auch nicht verschwanden, als das ehemalige castrum zur civitas wurde. Ebenso erhoben sich neben den Kastellen bürgerliche Niederlassungen. Daß in Regensburg die Strecke Landes zwischen der Stadtmauer und der Donau bewohnt war, beweist die Vita s. Emmerammi, die die Donau als Grenze der Stadt nennt.[3] Gegenüber der ummauerten Stadt Basel lag in fränkischer Zeit am rechten Rheinufer die unbefestigte villa Basel,[4] die heute mit der Stadt unter dem Namen Klein-Basel vereinigt ist. Die Stadterweiterung von Mainz läßt darauf schließen, daß außerhalb der alten Mauern am Rheinufer bedeutende Niederlassungen bestanden. Die nova civitas von Straßburg war, bevor sie in den Mauerring hineingezogen wurde, eine offene Vorstadt. Noch häufiger finden sich solche offenen Ansiedlungen außerhalb der Mauern bei den Kastellen, hier bildete wohl in vielen Fällen der außerhalb der Mauern liegende Burgflecken den wichtigsten Teil des Ortes. Die Stadt Salzburg ist aus einem solchen Burgflecken entstanden;[5] in Freising,[6] in Sterzing,[7] in Augst[8] liegt neben dem befestigten Orte das Dorf, die villa, der vicus. Bisweilen hatten die dicht neben den Stadtmauern gelegenen ländlichen Ansiedlungen eigene Namen wie Hille bei Köln[9] und Dale

---

[1] 799 (Dronke n. 154 p. 86).

[2] Ekkeh. cas. s. Galli. 11: Qui Magontiam ipsam a loco suo antiquo motam proprius Rheno statuerat. (Mitt. z. vaterl. Gesch. XV. p. 41, ed. Meyer von Knonau.)

[3] Vita s. Emmerammi 6: Cuius septentrionalem partem Danubius contra orientem decurrens proprio rigore vallavit. (Annal. Bolland. VIII. p. 226.)

[4] 788 (UB. Basel I. n. 3 p. 2).

[5] Vergl. oben Seite 56 f.

[6] 773 (Meichelbeck I. Pars. instr. n. 37 p. 50): in ipso loco et in ipso vico.

[7] 827 (Zahn, C. dipl. Austr. Fris. I. n. 11 p. 13): ad Wipitina in castello et in ipso vico.

[8] 891, 895 (Wartmann II. n. 682, 694 p. 284, 295): in villa Augusta.

[9] 844 (Ennen u. Eckertz, Quellen I. p. 447 n. 1): ad lacum dicte civitatis in loco qui dicitur Hille.

bei Mainz.[1] Jedenfalls wird man für die Karolingerzeit als Regel annehmen müssen, daß die bewohnte Ortschaft über die Mauern hinausreichte.

4. **Die Klöster und Kirchen.** Außerhalb der Städte, aber noch im Stadtgebiete lagen regelmäßig die großen Klöster. Der alte Gegensatz zwischen Bischofsstadt und Kloster, zwischen urbs und monasteria, der sich oft in den Quellen der Merovingerzeit ausspricht,[2] bewirkte, daß fast immer nur außerhalb der Stadtmauern Klöster errichtet wurden. Die Bischöfe mochten ihrerseits fürchten, durch das Emporblühen einer klösterlichen Stiftung wirtschaftlich von der ersten Stelle, die sie in der Stadt einnahmen, verdrängt zu werden, den Klosterstiftern lag daran, ihre Stiftung möglichst unabhängig vom Bischofe zu stellen. Man ging sich deshalb gegenseitig aus dem Wege. In den Städten erhoben sich die bischöflichen Kathedralkirchen und die Kapellen, außerhalb der Städte die klösterlichen Stiftskirchen. Seitdem das Mönchswesen aber aus seiner Weltabgeschiedenheit herausgetreten war, seitdem auch die weltlichen Interessen für die Klöster in den Vordergrund traten, waren die Klostergründer durchaus nicht blind gegen die wirtschaftlichen Vorteile, die die Nähe einer größeren Ortschaft für ihre Stiftung bot. Darum erschien grade das suburbium einer civitas vorzugsweise für Klostergründungen geeignet. So entstanden außerhalb der Mauern der größeren Städte die Klöster St. Arnulf[3] (früher St. Aposteln) und St. Symphorian[4] bei Metz, St. Maximin,[5] St. Eucharius[6]

---

[1] 811 (C. d. Lauresh. II. n. 1990 p. 351): in civitate Moguntia in villa quae dicitur Dale.

[2] Form. Senon. rec. 11: episcopus videlicet sive abbas de civitate illa vel de monasterio illo (MG. Formulae I. p. 217), vergl. MG. Formulae I. p. 270, 278 (Form. Salic. Lindenbrog. 5, 17). Actum illa civitate . . . . . vel in monasterio illo (MG. Form. I. p. 545; Form. extrav. neg. civ. 18).

[3] 717 (Urkunde Chilperichs II.): basilicam s. domni Arnulfi vel s. apostolorum, ubi ipse pretiosus in corpore requiescet, hoc est sub opidum Mettensium civitatis (MG. DD. I. p. 79; Dipl. Merov. n. 89); 691 (Urkunde Pipins von Heristall): basilicam s. apostolorum iuxta urbem Mettis constructam (MG. DD. I. p. 92; Dipl. Arnulf. 2; Reg. 6); 715 (Urkunde Hugos): basilica s. apostolorum, quae est foris murum Mettis civitate constructa (MG. DD. I. p. 214; Dipl. Arnulf. spur. 7; JB. f. lothr. Gesch. I. p. 43; Reg. 27); 840 (Urkunde Lothars I.): monasterium s. Arnulphi confessoris Christi . . . quod est constructum haud longe a moenibus Mediomatricae urbis (Bouquet VIII. p. 394 n. 40; Reg. 1037) u. s. w.

[4] 982 (Calmet, Histoire de Lorraine I. p. 396).

[5] 729 (Urkunde Papst Gregors II.): monasterio quod in suburbio Treverorum in honore s. Joannis evangeliste constructum esse dinoscitur (Beyer, MR. UB. I. n. 9 p. 12); 853: monasterium s. Maximini . . . . quod situm est iuxta urbem Trevericam in latere sinistro (Beyer, MR. UB. I. n. 83 p. 88) u. s. w.

[6] 679: monasterii s. Eucharii extra muros urbis Trevericae (Pardessus II. n.

und Kloster Oeren[1] bei Trier, St. Gereon[2] und St. Severin[3] bei Köln, St. Alban[4] und St. Victor[5] bei Mainz, St. Stephan[6] bei Konstanz, St. Emmeram[7] bei Regensburg. Sie alle werden ausdrücklich als außerhalb der Mauern gelegen bezeichnet. Bei anderen Klöstern, St. Glossindis bei Metz,[8] St. Cunibert bei Köln,[9] St. Nicomed[10] und dem antiquum monasterium[11] bei Mainz u. a. läßt sich ebenfalls die Lage außerhalb der alten Stadtmauern nachweisen. Innerhalb der Mauern gab es nur einige Frauenklöster und -stifter, in Metz St. Peter[12] (Saint Pierre le vieil), in Trier St. Maria major,[13] in Köln St. Cäcilien,[14] St. Ursula,[15] St. Maria in capi-

---

390 p. 180); 706: monasterium s. Eucharii in suburbio Trevirensi (Beyer, UB. I. n. 7 p. 9) u. s. w.

[1] 646: monasterio in Treverica valle in honore s. dei genetricis (MG. DD. I. p. 169; Dipl. Merov. spur. n. 52) (schon im IX. Jahrhundert vorhanden) u. s. w.

[2] Monasterium s. Gereonis, quod apud urbem Agrippinam quae nunc Colonia dicitur situm est (Mirac. s. Goar. 26; MG. SS. XV. p. 369) u. s. w.

[3] (794—800): altare beati Severini extra muros civitatis Coloniensis (Lacomblet I. n. 15 p. 9).

[4] 868 (Urkunde Ludwigs des Deutschen): monasterium s. Albani extra muros Moguntine civitatis constructum (Forsch. z. d. Gesch. XVIII. p. 199; Reg. 1426) u. s. w.

[5] 797: ecclesia s. Victoris . . . . foris muro civitatis (Dronke n. 143 p. 80).

[6] 854 (Urkunde Ludwigs des Deutschen): ecclesiam s. Stephani extra muros civitatis constructam (Wartmann II. n. 433 p. 50 f.; Reg. 1369); extra civitatem in ecclesiam s. Stephani (Vita s. Galli 28; Mitt. z. vaterl. Gesch. XII. p. 35).

[7] 794 (Urkunde Karls des Großen): ecclesiam quae est constructa in honore domini nostri Jesu Christi et s. Hemmerammi pontificis ac martyris iuxta muros civitatis nostrae Reganisburgensium (MBo. XXVIII. 1. n. 2 p. 3; Reg. 312) u. s. w.

[8] Erwähnt 875 (Urkunde Ludwigs des Deutschen): monasterio s. Sulpitii et s. Glodesindae virginis (Bouquet VIII. p. 425 n. 8; Reg. 1474).

[9] Erwähnt 866 (Urkunde Lothars II.): monasterium quoque s. Cuniberti (Ennen u. Eckertz, Quellen I. p. 448 n. 2; Reg. 1273).

[10] Erwähnt 765: vineam foris murum Mogontiae civitatis quod sunt adfinis de una parte s. Nigodimi (Dronke n. 27 p. 17).

[11] Erwähnt 817/18: monasterium quod dicitur antiquum (Dronke n. 337 p. 163).

[12] Erwähnt 781 (Urkunde Karls des Großen): monasterio superiore, que est constructus in honore s. Petri infra muro Mettis civitate (Tardif 83 p. 64; Reg. 236).

[13] Erwähnt 955, als Erzbischof Robert das alte Kloster erneuert (Beyer, MR. UB. I. n. 198 p. 258).

[14] Erwähnt 941, als Erzbischof Wichfrid das alte Kloster erneuert (Lacomblet I. n. 93 p. 52).

[15] Erwähnt 866 (Urkunde Lothars II.): monasterium beatarum virginum (Ennen u. Eckertz, Quellen I. p. 448 n. 2; Reg. 1273).

tolio,[1] in Straßburg St. Stephan,[2] in Regensburg Obermünster und Niedermünster.[3] Dagegen läßt sich in unserer Zeit kein einziges Mönchskloster innerhalb der Stadtmauern nachweisen.

Innerhalb der Mauern der alten Römerstadt stand in allen civitates die bischöfliche Kirche, der Dom. Dieselbe ist die eigentliche Stadtkirche, neben der in unserer Zeit nur Kapellen, keine Pfarrkirchen vorhanden sind.[4] Für Regensburg hat man insofern eine Ausnahme statuiren wollen, als man die bischöfliche Kirche von St. Peter für identisch erklärte mit der Kirche von St. Georg und St. Emmeram und demgemäß die außerhalb der Stadt gelegene Kirche des Klosters St. Emmeram als die ursprüngliche Kathedralkirche ansah.[5] Thatsächlich sind auch die ersten Regensburger Bischöfe Äbte von St. Emmeram gewesen. Gfrörer[6] hat jedoch überzeugend nachgewiesen, daß die bischöfliche Peterskirche durchaus verschieden war von St. Emmeram und innerhalb der Stadtmauer in der Gegend des heutigen Domes lag.[7] Auch in den Kastellen Utrecht, Freising und Passau lag die bischöfliche Kirche innerhalb der Ummauerung. In Salzburg, wo die eigentliche Stadt aus dem Burgflecken hervorging, bildete die Kirche zu St. Peter den Grundstock der neuen Ansiedlung, auf dem Nonnberge im Kastelle wurde das Nonnbergkloster errichtet.[8]

5. **Markt. Grundstücke. Häusernamen.** Nachdem zuerst von Nitzsch[9] darauf aufmerksam gemacht worden ist, daß in mehreren

---

[1] Erwähnt 965 (Ennen u. Eckertz, Quellen I. p. 467 n. 13), aber sicher älter. Angeblich von Plektrude gestiftet, vergl. Ennen, Gesch. d. Stadt Köln I. p. 146.

[2] Genannt in der Reichsteilung von 870 (Ann. Bertin. p. 111): Sancti Stapni Strastburch. Terra s. Stephani in Straßburg wird schon 801 erwähnt (Wiegand, UB. Straßburg I. n. 21 p. 17). Die beiden Königsurkunden für St. Stephan 845 und 856 (Wiegand, a. a. O. I. n. 25, 28 p. 19, 23) sind Fälschungen des XI. Jahrhunderts (vergl. Reg. 1086, 1379; Wiegand l. c.).

[3] Zuerst genannt 833 in einer Urkunde Ludwigs des Deutschen (MBo. XXXI. n. 30 p. 68; Reg. 1310): monasterium in eadem civitate quod dicitur Oberunmunestri. Die Urkunde ist allerdings formell unecht, sachlich läßt sich aber nichts gegen ihren Inhalt einwenden. Der Name „Obermünster" setzt das Bestehen eines Niedermünsters voraus, vergl. Hauck, KG. Deutschl. II. p. 396.

[4] Siehe unten Seite 90 f.

[5] Vor allem Rettberg, KG. Deutschl. II. p. 268 f.

[6] Gfrörer, Verfassungsgeschichte von Regensburg p. 17 ff.

[7] Noch heute hat sich in dem sogenannten Eselsturm von dem alten 1273 abgebrannten romanischen Dom, der auf der Stelle des heutigen stand, ein Rest erhalten. Der sogenannte „alte Dom" im Norden des Domes ist eine Stephanskirche aus dem XI., nicht wie man früher annahm, aus dem VIII. Jahrhundert. Vergl. Otte, Handbuch der kirchlichen Kunst-Archäologie. 5. Aufl. Bd. II. Leipzig 1884 p. 324, 110.

[8] Vergl. Rettberg, KG. Deutschl. II. p. 241 ff.

[9] Nitzsch, Ministerialität und Bürgertum p. 187.

Römerstädten, in Köln, Straßburg, Augsburg und Regensburg, der älteste Markt außerhalb der ummauerten Stadt gelegen war, haben in jüngster Zeit auch andere Forscher,[1] vor allem Sohm,[2] diese Thatsache wieder genauer berücksichtigt. Wenn aber Sohm aus diesen vier Beispielen den Schluß folgert, daß „der Markt in der Mehrzahl der Fälle neben der schon bestehenden Ansiedlung“ lag, so kann ich dieser Argumentation mich nicht anschließen. In den meisten anderen civitates, in Metz, Trier, Mainz, Worms u. s. w. können wir mit Sicherheit feststellen, daß der älteste Markt innerhalb des Mauerringes lag. Von den vier Städten, die eine Ausnahme bilden, nehmen drei: Köln, Straßburg und Regensburg insofern eine Sonderstellung unter den deutschen civitates ein, als sie aus ehemaligen römischen Lagern entstanden sind.[3] Während bei der Anlage der übrigen Städte die Rücksicht auf Handel und Verkehr eine große Rolle spielten, waren bei der Erbauung der Kastelle Köln, Straßburg und Regensburg ausschließlich militärische Gesichtspunkte maßgebend. Märkte wurden allein abgehalten vor den Mauern in den dort entstehenden bürgerlichen Ansiedlungen. Als aus den Kastellen ummauerte Städte geworden waren, wurden die Märkte nicht in ihre Mauern verlegt, sie behielten auch künftig ihren Platz in den für den Handel günstiger gelegenen Gebieten außerhalb der Mauern am Flusse. So erkläre ich mir die jedenfalls nicht zufällige Erscheinung, daß grade in den drei aus Lagern entstandenen Städten der älteste Markt außerhalb der Mauern lag. Was bei Augsburg die Ursache war, daß im XII. Jahrhundert[4] der Markt außerhalb der Mauern lag, kann ich nicht sagen. Vielleicht hatte das Anwachsen der Bevölkerung innerhalb der Mauern eine Verlegung veranlaßt.

Sohm hat endlich auch daran erinnert, daß der Markt von Paris außerhalb der Stadt Paris lag. Derselbe war aber unter ganz anderen Bedingungen entstanden als die Märkte in den übrigen Römerstädten. Es ist nicht richtig, in fränkischer Zeit von einem „Markt der Stadt“ oder von einem „Ortsmarkt“ zu sprechen. Nicht die Gemeinde war Herrin des Marktes. Alle Märkte, mochten sie von alters her bestehen oder neuerrichtet sein, waren keine Gemeinde-

---

[1] Schmoller, Straßburgs Blüte und die volkswirtschaftliche Revolution im XIII. Jahrhundert. Straßb. 1875 p. 4 Anm. u. a., vergl. Sohm an der Anm. 2 genannten Stelle.

[2] Sohm, Die Entstehung des deutschen Städtewesens. Leipzig 1890 p. 20 Anm. 21.

[3] Siehe oben Seite 29 ff.

[4] Die von Nitzsch erwähnte Stelle des Codex Udalricus stammt aus dem Jahre 1132. (Jaffé, Bibl. V. Monum. Bamberg. p. 444 ff. ep. 260.)

märkte, sondern grundherrliche Märkte. Die Markturkunden der ersten deutschen Könige enthalten entweder die Verleihung eines Grundstückes mit dem darauf gelegenen Markte an einen Bischof, ein Kloster oder einen anderen Grundherrn, oder sie geben oder bestätigen einem Grundherrn die Erlaubnis, auf seinem Grund und Boden einen Markt zu errichten.[1] In den Pfalzorten ist der Marktherr der König, in den Dörfern meist Klöster, in den civitates regelmäßig der Bischof. Es gab keinen Markt der civitas, nur einen Markt des episcopus civitatis, der ecclesia civitatensis. Der Bischof hatte die Sorge für den Markt, der Markt diente in erster Linie seinem Interesse und dem Interesse seiner familia, die Bedeutung des Marktes für die Ortsgemeinde kam erst in zweiter Linie in Betracht. Der bischöfliche Markt lag deshalb regelmäßig in der Nähe der Kathedralkirche. Auch da, wo der Markt außerhalb der Mauern lag, war er von der bischöflichen Kirche nur wenig entfernt. Meist war der bischöfliche Markt der einzige in der Stadt und in ihrer Umgebung. Ausgeschlossen war aber nicht, daß auch reiche Klöster auf ihrem Gebiete in der Nähe der civitas eigene Märkte oder Messen abhielten. Das Mainzer Kloster St. Alban z. B. hielt dicht bei der Mainzer Stadtmauer seine Albansmesse ab.[2] Paris unterscheidet sich nun dadurch von den meisten anderen civitates, daß hier nicht der Bischof, sondern allein das außerhalb der Stadtmauer gelegene Kloster St. Denis das Recht besaß, einen Markt abzuhalten. Diesen seinen Markt hielt das Kloster St. Denis selbstverständlich nicht in der ummauerten Stadt ab, sondern in der dicht am Kloster liegenden Vorstadt, im vicus s. Dionysii[3] und später in dem benachbarten pasellus s. Martini.[4]

Über die Grundstücke innerhalb der Stadtmauer besitzen wir nur wenig Nachrichten. Soviel können wir aber mit Sicherheit feststellen, daß das in der Stadt gelegene Gebiet in karolingischer Zeit durchaus nicht mit lauter Bauten bedeckt war. Die Schenkung von innerhalb der Mauern gelegenen Weingärten wird oft erwähnt. Besonders Mainz[5] muß reich an Weingärten gewesen sein, auch in

---

[1] Auch Rathgen, Die Entstehung der Märkte in Deutschland. Straßb. Diss. 1881 hat m. E. zu wenig die Bedeutung des Marktes für den Grundherrn gewürdigt.

[2] Transl. ss. Marcellini et Petri (MG. SS. XV. p. 263) berichtet von dieser St. Albansmesse. Über die verschiedenen Märkte von Mainz vergl. Schaab, Geschichte der Stadt Mainz I. p. 375 ff.

[3] MG. DD. I. p. 69; Dipl. Merov. 77 (Urk. Childeberts III. (710)).

[4] MG. DD. I. p. 141; Dipl. Merov. spur. 23 (gefälschte Urk. Dagoberts), vergl. das Citat in Anm. 3.

[5] Dronke n. 6 p. 5 (753): vineam unam infra murum civitatis Mogontiae; C. d. Lauresh. II. n. 1342: vineas in Moguntia civitate infra; vergl. Dronke

Worms,[1] Trier[2] und Metz[3] fehlen sie nicht. Einmal wird auch ein Obstgarten in Mainz[4] genannt. Ob innerhalb der Stadt auch Ackerland sich befand, läßt sich nicht mit Sicherheit ermitteln. Öfters wird die Schenkung eines in der Stadt gelegenen mansus erwähnt.[5] Wahrscheinlich lag aber nur die Hofstätte in der inneren Stadt, das dazu gehörige Ackerland dagegen in der Stadtmark. Die Beschreibung der Lage, die von manchen solcher mansi gemacht wird,[6] bezieht sich regelmäßig auf die in sich geschlossene Hofstätte, nicht auf die ganze Hufe. Überhaupt sind Beispiele, in denen mansus bloß die Hofstätte bedeutet, in den älteren deutschen Quellen keine Seltenheit.[7] Der größte Teil des städtischen Areals war jedenfalls aber schon in der Karolingerzeit ausgefüllt durch die areae, die Bauplätze, auf denen die Häuser errichtet waren. Sie bilden in den Mainzer Urkunden regelmäßig den Gegenstand der Tradition.[8] Oft werden außer den areae auch noch die darauf errichteten Ge-

---

n. 19, 20, 27, 43, 63, 64 ff., C. d. Lauresh. II. 1984, 1992, 1996, III. 3106, 3452, 3714.

[1] Boos, UB. Worms I. n. 9 p. 5 (780): unam vineam in Wormacia; vergl. Boos I. n. 21 p. 11.

[2] Beyer, MR. UB. I. n. 84 p. 90 (Urkunde Lothars I.) (Reg. 1125) (853): infra muros Trevericae urbis duas viniolas; vergl. Beyer II. Nachtr. I. n. 22 p. 10.

[3] Calmet I. p. 276.

[4] C. d. Laurosh. II. 1983; vergl. Dronke n. 80 p. 49: intus murum Mogontiae civitatis hortum meum.

[5] C. d. Lauresh. II. 1347: in Moguntia unum mansum cum casa, vergl. 1975, 1978, 1982, 1983, 1987, 1889, 1991, III. 3452; Dronke n. 48 p. 31 (Urkunde Karls des Großen; Reg. 218) (779): in Mogontia civitate mansos XX et V; Boos, UB. Worms I. n. 5 p. 4: in civitate Wangionum quae cognominatur Wormacia mansum unum, vergl. Boos I. n. 6, 7 p. 4; Histoire de Metz p. 34: mansum unum de ratione s. Petri . . . . . infra Mettis civitatem, vergl. Histoire de Metz p. 42.

[6] Boos, UB. Worms I. n. 7 p. 4: unum mansum in praedicta civitate Wormacia cum casa et scuria, cui subiacet ille mansus et confinis est illi, quem genitrix mea ad s. Nazarium tradidit, et duas partes vertit in stratam, de III. latere tenet Lingulfus, et ille alius mansus similiter conjungitur manso jam dicto et in alio latere Warnherius comes, de IV. strata. Ebenso Histoire de Metz. Preuves I. p. 34: mansum unum de ratione s. Petri vel s. Gorgonii, infra Mettis civitatem supra fluvium Mosellae in regio qui dicitur Porto, qui habet in longum perticas VIII et in una fronte perticas II et pedes V et in alia perticas II et pedem I sub his terminationibus etc.; vergl. Hist. de Metz. Pr. I. p. 42.

[7] Vergl. die Beispiele bei Landau, Die Territorien. Hamburg u. Gotha 1854 p. 7 und Lamprecht, Deutsches Wirtschaftsleben Bd. I. p. 368 Anm. 1.

[8] Dronke n. 2 p. 1 (750): arealem unum ad commanendo infra murum civitatis Mogontiae; C. d. Laur. II. 1979: aream unam infra murum in civitate Moguntia, vergl. Dronke n. 8, 18, 23, 27, 43, 63, 64, 86, 90, 94, 101 ff.; C. d. Laur. II. 1984, 1985, 1986, 1993; Wenck II[a]. UB. n. 15 p. 20 f.; vergl. auch Wiegand, UB. Straßburg I. n. 18, 20, 21 u. s. w.

bäude[9] erwähnt. Auf dem Lande sind Schenkungen von areae verhältnismäßig selten, in den civitates bilden sie die Regel. Dieser Umstand charakterisiert am besten für die Karolingerzeit den Unterschied von städtischem und ländlichem Grundbesitz.

Stadtviertel-, Häusernamen u. s. w. treten in unserer Zeit noch sehr vereinzelt auf. Manche stammen vielleicht noch aus römischer Zeit. Der Mainzer Kästrich[2] z. B. wird neuerdings auf einen römischen vicus Caesoriacum[3] zurückgeführt. Die Erwähnung eines locus qui Romana Sala dicitur in Metz in einer Arnulfingerurkunde des beginnenden VIII. Jahrhunderts[4] ist durch die neuere Kritik als Interpolation[5] nachgewiesen worden. Dagegen wird ein ad Termas genannter Ort in Metz 880 erwähnt.[6] In Trier findet sich ein Ort mit Namen calidus furnus,[7] in Mainz ein locus, qui illorum civium vel totius vulgarici sermonis dictu nuncupatur ad brachatom.[8] Übrigens müssen in Mainz in karolingischer Zeit solche Örtlichkeitsnamen noch ziemlich selten gewesen sein, da regelmäßig die nähere Bezeichnung der Mainzer Grundstücke durch Nennung der Besitzer der Nachbargrundstücke erfolgt.[9] Nur ausnahmsweise wird bei solchen Grundstücksbeschreibungen ein puteus antiquus,[10] eine antiqua mura[11] genannt. Dagegen haben sowohl in Mainz[12] wie in Trier[13] die

---

[1] Wenck II[a]. UB. n. 15 p. 20 (815): areas IV. cum aedificio; C. d. Lauresh. II. 1986; aream unam in civitate Moguntia cum duabus casis, vergl. 1985 u. s. w.; Dronke n. 18 ff. Vergl. auch Wiegand, UB. Straßburg I. n. 18, 20, 21 u. s. w.

[2] Dronke n. 154 p. 86 (799): murus qui dicitur cestrina.

[3] Vergl. Pohl, Verona und Caesoriacum, die ältesten Namen für Bonn und Mainz. Bonn 1886, 87.

[4] Urkunde Hugos (715) (MG. DD. I. p. 214; Dipl. Arnulf. spur. n. 7, besser gedruckt von Wolfram im JB. f. lothr. Gesch. I. p. 43).

[5] Vergl. Wolfram a. a. O. I. p. 49. Im übrigen ist die früher allgemein verworfene Urkunde echt (vergl. Wolfram l. c.; Reg. 27; Mühlbacher in den Forsch. z. d. Gesch. XIX. p. 457).

[6] Histoire de Metz. Preuves I. p. 42.

[7] Beyer, MR. UB. I. n. 84 p. 90 (Urkunde Lothars I. (853); Reg. 1125).

[8] 803 (Dronke n. 180 p. 102).

[9] Dronke n. 6 p. 5 (753): vineam unam infra murum civitatis Mogontiae publicae, quod sunt adfinis de una parte s. Martyni et de alia parte murus civitatis et de tertia parte mei ipsius et de quarta parte via publica. Vergl. Dronke n. 8, 18, 19, 20, 23 ff. Ebenso in anderen Städten, in Straßburg (Wiegand I. n. 14, 18, 20, 21), in Worms (Boos I. n. 7) in Metz (Histoire de Metz. Preuves I. p. 34, 42).

[10] Dronke n. 23 p. 15. [11] Dronke n. 160 p. 91.

[12] Wenck II[a]. UB. n. 15 p. 20 (815): in loco qui dicitur porta s. Quintini . . . . in loco dicitur Rahhada porta . . . . . in ipsa porta Rahhadero; C. d. Lauresh. II. n. 1988 (774): in porta s. Quintini; C. d. Lauresh. II. n. 1982 (774): iuxta portam s. Quintini. Vergl. über die porta s. Quintini unten Seite 89 f.

[13] Beyer, MR. UB. I. n. 84 p. 90 (853): ad portam medianam.

Stadtthore eigene Namen. Ein wirklicher Hausname taucht nur einmal in Regensburg auf. Dort wird 893 eine curtis quae dicitur Odalmaneshovestiti[1] erwähnt. Fünf andere curtilia werden bloß durch die Nachbarschaft dieser curtis näher bezeichnet, haben also offenbar keine eigene Namen gehabt. Erst in den folgenden Jahrhunderten finden sich Häuser- und Straßennamen häufiger. Die Anfänge der Ortsbezeichnungen innerhalb der Städte reichen aber noch in unsere Zeit zurück.

§ 7.

2. Bevölkerung und Grundbesitz.[2]

1. **Die Bevölkerung. Einleitung.** Bis in die Mitte unseres Jahrhunderts und darüber hinaus herrschte allgemein die Ansicht, daß in den alten Römerstädten neben den Unfreien auch eine nicht unbedeutende freie Bevölkerung bestanden habe. Für die, welche die deutsche Stadtverfassung aus der römischen ableiten wollten,[3] galt es als selbstverständlich, daß in den Römerstädten seit uralter Zeit privilegierte freie Gemeinden existiert haben. In der Arnold'schen[4] Theorie von der Entstehung der deutschen Stadtverfassung aus der Gerichtsverfassung bildete den Ausgangspunkt die freie städtische Gerichtsgemeinde. Von der Unfreiheit der städtischen Bevölkerung ging zuerst Nitzsch aus in seinem 1859 erschienenen Buche,[5] in dem er die Stadtverfassung aus dem Hofrechte herleitete. Wie schon der Titel angiebt, beschäftigt sich das Werk hauptsächlich mit späteren Jahrhunderten; eine Schilderung der ständischen Verhältnisse in den civitates in der früheren Zeit giebt Nitzsch uns

[1] Ried, C. d. Ratisb. I. n. 73 p. 74 (Urkunde Arnulfs; Reg. 1837).

[2] Vergl. vor allem: Arnold, Verfassungsgeschichte der deutschen Freistädte. Gotha 1854. Bd. I. p. 12 ff. — Arnold, zur Geschichte des Eigentums in den deutschen Städten. Basel 1861. — Heusler, Der Ursprung der deutschen Stadtverfassung. Weimar 1872 p. 87 ff. — v. Below, Zur Entstehung der deutschen Stadtverfassung. (H Z. 1887 Bd. 58 (N. F. 22) p. 195 ff.)

[3] Vor allem Gemeiner, Über den Ursprung der Stadt Regensburg und aller alten Freistädte. Regensburg 1817. — Eichhorn, Über den Ursprung der städtischen Verfassung in Deutschland. (Z. f. gesch. RW. Bd. II. 1816 p. 165 ff.) — Gaupp, Über deutsche Städtegründung, Stadtverfassung und Weichbild im Mittelalter. Jena 1824. Vorrede p. XV.

[4] Arnold, Verfassungsgeschichte l. c.

[5] Nitzsch, Ministerialität und Bürgertum im 11. und 12. Jahrhundert. Leipzig 1859.

nicht. Zuletzt hat Heusler 1872[1] der städtischen Freiheit in den alten Römerstädten eine ausführlichere Erörterung gewidmet und sich für das Bestehen einer altangesessenen freien Gemeinde in den Städten entschieden. Wenn ich, trotzdem ich zu demselben Schlußergebnisse wie Heusler hinauskomme, doch noch einmal den rechtlichen Zustand der Bevölkerung in den alten Römerstädten einer genaueren Untersuchung unterwerfe, so geschieht dies deshalb, weil ich mit Heuslers und Arnolds Beweisführung nicht völlig einverstanden bin. Manche ihrer Beweise erscheinen mir nicht stichhaltig, andere der Ergänzung und näheren Ausführung bedürftig.

2. **Civitas publica und civitas regia.** Der Hauptbeweis Arnolds für die ursprüngliche Freiheit der Bevölkerung in den civitates war der Ausdruck civitas publica.[2] Nach ihm führen die Orte das Prädikat civitas publica, aus denen der König allein deshalb Einkünfte zieht, weil sie keinen andern Herrn als ihn haben; ihre Einwohner sind also Freie. Dagegen stehen nach Arnold die civitates regiae im Privateigentum des Königs; ihre Einwohner brauchen also nicht frei zu sein. Die Ausdrücke actum civitate publica und actum civitate publice ständen völlig parallel; in beiden würde das Dingen auf freiem Boden vor einer freien Gerichtsgemeinde bezeichnet. Wenn auch heute meistens die Unterscheidung zwischen civitas publica und civitas regia fallen gelassen ist,[3] die Ansicht Arnolds, daß der Ausdruck civitas publica auf eine freie Gerichtsgemeinde hinweise, ist bis heute herrschende Lehre geblieben.[4] Prüfen wir an der Hand der Quellen die Richtigkeit der herrschenden Ansicht!

Sowohl Arnolds wie Heuslers Erörterungen leiden darunter, daß die Verfasser zwischen dem Sprachgebrauche der einzelnen urkundlichen Quellen keinen Unterschied machen und Königs- und Privaturkunden genau in derselben Weise als Beweismittel verwerten. Neben Wormser Königsurkunden citiert Arnold einfache Privaturkunden ohne jede Unterscheidung. Ein derartiges Beweisverfahren halte ich nicht für zulässig. Für Ausdrücke wie civitas regia oder civitas publica, die auf das Königstum hinweisen, liefern das richtige Verständnis mit Sicherheit nur die Königsurkunden. Die Privaturkunden führen bei der großen Willkür ihrer Schreiber nur zu höchst unsicheren Ergebnissen. Niemand bürgt uns dafür, daß der Verfasser der Urkunde die nur der Kanzleisprache, nicht der Verkehrssprache angehörenden Ausdrücke richtig verstand und

---

[1] Heusler, a. a. O. (vergl. Seite 72 Anm. 2.)
[2] Arnold, a. a. O. p. 16 f.
[3] Waitz, VG. IV. p. 6 Anm. 1; Hegel, Kieler Monatsschrift 1854 p. 170.
[4] Vor allem Heusler, a. a. O. p. 91 f.

richtig anwandte. Erst wenn wir versucht haben, aus den Königsurkunden allein eine befriedigende Erklärung zu finden, dürfen wir auch Privaturkunden zur Untersuchung herbeiziehen.

Nur zwei civitates sind es, die in den Königsurkunden der Karolingerzeit die Bezeichnung civitas regia führen, eine deutsche: Regensburg, und eine italienische: Pavia. Die civitas regia Pavia finde ich erwähnt in einem Capitulare Ludwigs II.[1] sowie in einer Urkunde Karlmanns.[2] Viel häufiger wird Regensburg civitas oder urbs regia genannt. Besonders in Urkunden Ludwigs des Deutschen[3] trägt Regensburg regelmäßig das Beiwort civitas resp. urbs regia, aber auch in Urkunden Karlmanns[4] und Ludwigs des Kindes[5] fehlt dasselbe nicht. Mit diesen beiden Städten ist die Liste der civitates regiae geschlossen. Auch in erzählenden Quellen und Briefen sind Pavia und Regensburg die einzigen Städte, die urbs regalis[6] oder civitas regalis[7] genannt werden.

Warum wurden grade diese beiden Städte vor allen andern gewürdigt, civitates regiae „königliche Städte" zu heißen? Zweifellos deshalb, weil sie die einzigen Residenzen des Karolingerreiches waren. Während es im fränkischen Reiche keine feste Residenz gab, während die merovingischen und karolingischen Könige von Ort zu Ort, von Pfalz zu Pfalz zogen, hatten die Agilolfinger, wie schon oben[8] bemerkt wurde, eine wirkliche Landeshauptstadt. Der Sitz ihrer Herrschaft war Regensburg. Auch nach dem Jahre 788 änderte sich diese Stellung Regensburgs nicht. Die Karolinger betrachteten sich als die Nachfolger der Agilolfinger; wie diese hielten sie, wenn sie nach Bayern kamen, regelmäßig in Regensburg Hof, das nunmehr aus einer herzoglichen eine königliche Stadt, eine civitas regia wurde. Dasselbe Schicksal hatte die Hauptstadt des Longobardenreiches, Pavia. Auch in Italien sahen sich die Karolinger als die Nachfolger der longobardischen Könige an, auch hier blieb Pavia die Residenz des Landes, die civitas regia. Regensburg und Pavia sind also die beiden einzigen civitates regiae des Karolingerreiches.[9]

---

[1] MG. Capitul. II. p. 88 n. 214.

[2] Reg. 1481.

[3] Reg. 1342, 1348, 1388, 1389, 1401, 1402, 1410, 1411, 1412, 1418, 1819, 1467, 1471.

[4] Reg. 1478. [5] Reg. 1795.

[6] Mirac. s. Waldburgis II. 11 (MG. SS. XV. p. 547): Reginensis quoque urbs quondam regalis.

[7] Ep. Alcuini 112 (Jaffé VI. p. 458): in Papia regali civitate.

[8] Vergl. oben Seite 54.

[9] Dasselbe wie civitas regia bedeutet wohl die Bezeichnung civitas nostra, die Regensburg in zwei Urkunden Karls des Großen trägt (Reg. 289, 312).

Wenden wir uns nunmehr zu der Erklärung des Ausdruckes civitas publica. Arnold[1] behauptet eine Parallele zwischen den Ausdrücken actum civitate publica und actum civitate publice und schließt daraus, daß der Ausdruck civitas publica das Bestehen einer freien Gerichtsgemeinde beweist. Dieser Schluß ist zulässig für die Privaturkunden, unzulässig für die Königsurkunden. In Privaturkunden kann actum civitate publice allerdings die Verhandlung vor der freien Gerichtsgemeinde der civitas resp. der Grafschaft, in der die civitas liegt, bedeuten. In Königsurkunden dagegen wird der Ausdruck actum publice nur angewandt, um die öffentliche Vollziehung der Urkunde vor den Großen des Reiches zu bezeichnen. Ob an dem Vollziehungsorte eine freie Gerichtsgemeinde existierte, war für die Königsurkunde gleichgültig. Übrigens kommt in Königurkunden der Ausdruck actum civitate publice so selten vor, daß man kaum von einem Parallelismus mit dem Ausdrucke actum civitate publica sprechen kann.

Die Zahl der civitas publica genannten civitas ist sehr gering. Im ganzen Karolingerreiche giebt es nur zwei Städte, die in Königsurkunden diese Bezeichnung führen, Worms[2] und Poitiers.[3] Beide Orte hatten für die fränkischen Könige dadurch eine größere Bedeutung, daß sie Pfalzorte waren und zwar außer den beiden civitates regiae die beiden einzigen civitates des Frankenreiches, in denen königliche Pfalzen erwähnt werden. Alle anderen Pfalzen waren in Kastellen oder Dörfern gelegen oder es waren Einzelgehöfte. Vergegenwärtigen wir uns endlich, daß in den Königsurkunden der Ausdruck villa publica das Bestehen einer königlichen Pfalz beweist, so kommen wir zu dem Schluß, daß unter den civitases publicae die „Pfalzstädte“, die civitates, in denen königliche Pfalzen existieren, zu verstehen sind. Beweisend ist vor allem der Parallelismus zwischen den Ausdrücken actum civitate palatio publico und actum civitate publica. Von Karls des Großen Urkunden datieren drei von 774 bis 780: actum Wormacia civitate publica.[4] Dann folgen 788 bis 790 drei Urkunden mit actum Wormacia palatio publico,[5] unter Ludwig kommt noch zweimal actum Wormacia civitate publica vor.[6] Noch auffallender ist die Gleichstellung der

[1] Arnold, a. a. O. p. 16.

[2] In drei Urkunden Karls des Großen: 774 (MG. SS. XXI. p. 349), 780 (Wenck III b. UB. n. 11 p. 13; Wartmann I. n. 92 p. 88) (Reg. 165, 220, 221) und zwei Urkunden Ludwigs des Frommen: 829 (Möser, Osnabr. Gesch. I. p. 409 n. 3 (das Eschatokoll ist echt); Boos, UB. Worms I. n. 17 p. 10) (Reg. 641, 642).

[3] Bouquet VI. p. 630 n. 241 (Reg. 971).

[4] Reg. 165, 220, 221.

[5] Reg. 266, 267, 296.

[6] Reg. 641, 642.

beiden Ausdrücke bei Poitiers. Von zwei um die Wende der Jahre 839/840 in Poitiers ausgestellten Urkunden Ludwigs des Frommen datiert die eine Pictavis palatio,[1] die andere Pictavis civitate publica.[2] Nach alledem werden wir kein Bedenken tragen, civitas publica mit Pfalzstadt zu übersetzen. Übrigens heißt die civitas regia Regensburg, die ja auch eine Pfalzstadt war, zwar nicht in einer Königsurkunde, aber in einer herzoglich bayrischen[3] und in einer Privaturkunde[4] ebenfalls civitas publica. Nebenbei sei bemerkt, daß der Ausdruck civitas publica nur in Urkunden der früheren, civitas regia nur in Urkunden der späteren Karolingerzeit sich findet.

In den Privaturkunden allerdings scheint der Begriff civitas publica nicht immer in demselben Sinne wie in den Königsurkunden gebraucht zu sein. Eine solche Verschiedenheit ist für das Urkundenwesen des früheren Mittelalters begreiflich. Grade ein so unbestimmt klingender Ansdruck wie civitas publica wurde oft von den Urkundenschreibern, die ihn dem Sprachgebrauche der königlichen Kanzlei entlehnten, mißverstanden. Während die Königsurkunden nur ausnahmsweise actum publice datieren, bildet in den Privaturkunden die Datierung actum publice die Regel. Die Ähnlichkeit der Ausdrücke actum civitatis publice und actum civitate publica führte dazu, daß man beide als gleichbedeutend ansah, mit einander vertauschte und schließlich ohne jeden Unterschied gebrauchte. Wie sich ein solcher Mißbrauch herausbildete, können wir besonders an den in Mainz ausgestellten Traditionsurkunden für das Kloster Fulda verfolgen. Aus actum Mogontiae civitatis publice[5] wurde actum Mogontia civitatis publicae,[6] ferner actum Mogontia civitate publicae[7] und endlich actum Mogontia civitate publica.[8] Ebenso vertauschte man eine Zeitlang die Ausdrücke: donamus infra murum Mogontiae civitatis publice[9] und don. inf. mur. Mog. civit. publicae,[10] bis endlich auch einmal trado in Mogontia civitate publica[11] vorkommt. Auffälligerweise fehlt in den späteren Fuldaer Traditionsurkunden sowohl publice wie publicae und publica. Von den beiden in Straßburg ausgestellten Fuldaer Urkunden datiert die

[1] Reg. 970.

[2] Reg. 971. — Reg. 972 ist eine Fälschung.

[3] MBo. XXVIII. 2. p. 21 n. 22.

[4] Meichelb. I. 2. n. 118 p. 90; vergl. auch Zahn, C. dipl. Austr. Fris. I. n. 18 p. 19: factum .... in loco regali publico Ratispona, ferner M Bo. XXVIII. 2. n. 86 p. 68: publica curtis qui dicitur Radaspona.

[5] Dronke n. 2, 11b, 12, 17, 26, 27, 30, 36 etc.

[6] Dronke n. 33. [7] Dronke n. 39. [8] Dronke n. 49.

[9] Dronke n. 8, 18, 27. [10] Dronke n. 6, 23, 43. [11] Dronke n. 94.

eine in Strazburga civitate publica,[1] die andere in Strazburga civitate publice.[2] Man sieht an diesen Urkunden, besonders an den Mainzern, wie allmählich durch kleine Veränderungen in der Datierungs- oder Schenkungsformel aus dem Adverb publice, das die öffentliche Vollziehung andeutet, ein Attribut wird, das die betreffende civitas zu einer civitas publica erhebt. In welchem Sinne civitas publica in den vereinzelten anderen Fällen, in denen es vorkommt, gebraucht wird, läßt sich nicht sicher bestimmen. Ich finde den Ausdruck für Chur,[3] für Passau[4] und für Köln[5] gebraucht. Eine curtis nostra regalis in Chur, in welcher der Graf seinen Sitz hatte, und die nach Planta auf der Stelle des alten römischen Kastells stand, schenkt Otto I. 960 an das Bistum Chur.[6] In den beiden andern Orten sind königliche Pfalzen in der älteren Zeit nicht nachzuweisen.

Bemerkt mag übrigens werden, daß genau dieselbe Wandlung mit den Ausdrücken villa publica und vicus publicus vor sich gegangen ist. Während dieselben in den Königsurkunden die königlichen Pfalzen bezeichnen, ist diese Bedeutung in den Privaturkunden meist verschwunden.

Fassen wir das Ergebnis unserer Untersuchung zusammen, so ergiebt sich, daß civitas publica ursprünglich die Pfalzstadt bedeutet, daß diese Bedeutung in Privaturkunden aber vielfach abgeblaßt ist, und actum civitate publica zuweilen dasselbe bezeichnet wie actum civitate publice. Jedenfalls kann man aber nicht, wie Arnold, aus dem Ausdruck civitas publica ohne weiteres auf das Bestehen einer freien Gemeinde in der civitas schließen.

3. **Die freie Gemeinde.** Der Ausdruck actum civitate publice in Königsurkunden ist, wie schon bemerkt wurde, für die Existenz einer freien Gemeinde in der civitas in keiner Weise beweisend, aber auch aus dem Vorkommen dieses Ausdruckes in Privaturkunden läßt sich nicht sicher auf eine städtische freie Gemeinde schließen, wenn das Vorhandensein derselben auch höchst wahrscheinlich gemacht wird. Die freien Leute, vor denen die öffentliche Übergabe der Urkunde, sei es gerichtlich, sei es außergerichtlich stattfindet, können ebensowohl in anderen Gegenden des

---

[1] 791 (Wiegand, UB. Straßb. I. n. 20).

[2] 801 (Wiegand I. n. 21).

[3] acta Curia in civitate publica im Testamente des Tello (ca. 766) (Planta, Das alte Rätien p. 448).

[4] actum Patavis civitate publica (MBo. XXVIII. 2. n. 7, 76 p. 9, 62).

[5] ad ecclesiam b. Petri apostolorum principis, quae constructa infra muros Colonie civitatis publice (MG. Formulae I. Form. extrav. I. n. 20 p. 546).

[6] MG. KU. I. p. 288; Dipl. Otto I. n. 209.

Gaues wie in der civitas ansässig sein. Selbst wenn wir mit Heusler[1] annehmen, daß eine öffentliche Gerichtsstätte nicht auf Immunitätsgebiet liegen konnte, und demgemäß zu dem Schluß kommen, daß es in den civitates auch nicht immunes Gebiet gab, wird die Existenz einer freien Gemeinde dadurch durchaus nicht bewiesen. Unfreie giebt es auch außerhalb der Immunitäten.

Ebenso wenig liefern die Immunitätsurkunden, die neben den Unfreien die ingenui nennen, einen durchschlagenden Beweis. Wenn Heusler[2] auch von „städtischen Immunitäten" spricht, in Wirklichkeit hat es besondere Immunitäten für Städte in der Karolingerzeit nie gegeben. Die Immunitätsprivilegien verleihen die Immunität für alle Besitzungen, sowohl in den civitates wie auf dem Lande. Die ingenui des Immunitätsgebietes können ihre Wohnsitze bloß auf dem Lande gehabt haben.

Mit Sicherheit geht aber das Vorhandensein von freien Gemeinden in den civitates hervor aus den Traditionsurkunden, in denen in den civitates gelegenes freies Eigen an Klöster vergeben wird. Wir haben für Mainz allein über 70 Traditionsurkunden, in denen freie Leute ihren Besitz an Grundstücken in civitate Magontia, infra civitatem Magontiam, infra muros etc. an die Klöster Lorsch,[3] Fulda[4] und Hersfeld[5] übertragen. Wir erfahren bei dieser Gelegenheit, daß außer dem verschenkten noch sehr viel anderer freier Besitz in der civitas war, denn die Hersfelder und Fuldaer Urkunden beschreiben regelmäßig die Lage des geschenkten Grundstücks durch Nennung der Eigentümer der angrenzenden Grundstücke, und auch unter diesen befinden sich zahlreiche Freie.[6] Bemerkenswert ist aber jedenfalls, daß unter diesen freien Eigentümern nur wenige mehrmals in den Urkunden vorkommen. Fast jede Urkunde zeigt andere Namen. Selbst wenn wir den zeitlichen Unterschied in Betracht ziehen und manche von den später erwähnten als Erben der früher erwähnten ansehen, werden wir zu dem Schluß kommen, daß etwa 40 bis 50 gleichzeitig lebende Freie in Mainz urkundlich genannt sind. Wie viel freie Grundbesitzer mag es außerdem noch in der Stadt gegeben

---

[1] Heusler, a. a. O. p. 93 f. [2] Heusler, a. a. O. p. 95 f.

[3] C. d. Lauresh. II. n. 1342, 1347, 1418, 1965—1996, III. 3106, 3452, 3714.

[4] Dronke n. 2, 6, 8, 18, 19, 20, 23, 27, 43, 49, 63, 64, 80, 86, 90, 94, 101, 121, 137, 143, 145, 146, 154, 160, 169, 174, 176, 180, 209, 210, 222, 224, 253, 337, 403, 406, 604.

[5] Wenck II[a]. UB. n. 15.

[6] Wenck II[a]. UB. n. 15: Illa tertia area in loco, qui dicitur Rahhada porta, ex uno latere habet Diedo, ab alio latere Ditfrid, tertio latere Helmfrid, quarto latere via publica, vergl. Dronke n. 8, 19, 20, 23, 27, 43 etc.

haben, von denen uns zufällig keine Kunde erhalten ist? Daß von diesen freien Grundbesitzern der größte Teil aber in Mainz selbst seinen Wohnsitz gehabt hat, steht außer Zweifel. Die Annahme, daß diese sämtlichen Freien auswärtige Großgrundbesitzer waren, steht in vollständigen Widerspruch mit allem, was wir über den Laiengrundbesitz in karolingischer Zeit wissen. Jedenfalls ist bemerkenswert, daß alle Tradenten mit einer Ausnahme einfache Freie sind. Nur ein einziger Graf befindet sich unter ihnen.[1] Regelmäßig besaß der einfache Freie aber nur an seinem Wohnsitze Grundbesitz. Die Existenz von freien Einwohnern ist also für Mainz mit Sicherheit nachgewiesen.

Leider sind die Nachrichten, die wir über die Einwohnerschaft der anderen Bischofsstädte haben, sehr dürftige. Für manche Orte, wie Chur, Konstanz, Basel, Speier, sogar für Köln sind wir auf bloße Vermutungen angewiesen. Was wir aber aus den anderen civitates wissen, bestätigt das Ergebnis, das wir für Mainz mit Sicherheit gewonnen haben, auch für diese Städte. Aus Worms sind uns sieben Urkunden über die Tradition von freien Eigen an das Kloster Lorsch erhalten,[2] auch hier ist also die Existenz von Freien erwiesen. Freie Straßburger Grundbesitzer kommen vor in Fuldaer[3] und Weißenburger Traditionsurkunden.[4] Eine Urkunde Bischof Eddos für Ettenheimmünster beweist, daß der Bischof selbst Güter in der Stadt als Beneficium an freie Laien vergab,[5] also weit davon entfernt war, das freie Laienelement in der Stadt zu unterdrücken. In Trier werden Gutsschenkungen der Freien Irmindrud[6] und der Freien Engela[7] an das Kloster Echternach erwähnt; auch die Nachbarn der letzteren sind Freie. Auch in Metz findet sich freier Grundbesitz.[8] Ebensowenig fehlt freies Eigentum in den Kastellen. In Ladenburg,[9] Bingen,[10] Boppard,[11] Koblenz,[12] Freising[13] läßt sich dasselbe nachweisen.

Wenn wir aber auch nur in einigen Städten und Kastellen freien Grundbesitz und freie Einwohner mit Sicherheit nachweisen können, so trage ich dennoch kein Bedenken, das gewonnene

[1] Dronke n. 8: Laidratus comis (755).
[2] Boos, UB. Worms I. n. 5, 6, 7, 8, 9, 21; C. d. Lauresh. II. n. 1991.
[3] Wiegand, UB. Straßburg I. n. 20, 21.
[4] Wiegand I. n. 14, 18; Zeuss, Trad. Wizenb. n. 60.
[5] Schöpflin I. n. 34 p. 39.
[6] Beyer, MR. UB. II. Nachtr. I. n. 22 (885).
[7] Beyer, MR. UB. II. Nachtr. I. n. 1 (704).
[8] Histoire de Metz. Preuves I. p. 42: de altero latere tenet Otlindis.
[9] C. d. Laures. n. 440.
[10] Dronke n. 15, 105, 395, 429.
[11] Dronke n. 395, 429.
[12] Dronke n. 26, 529.
[13] Meichelbeck I. Pars instrum. n. 37.

Resultat auch auf die übrigen Städte und Kastelle auszudehnen. Es fehlt jeder Grund, in den Bischofssitzen und den befestigten Orten andere Bevölkerungsverhältnisse wie auf dem Lande anzunehmen. Ebenso wie auf dem Lande war auch in den civitates und castella während der Karolingerzeit die freie Bevölkerung an Zahl bedeutend. Diese Freien waren aber genossenschaftlich organisiert. Ebenso wie auf dem Lande die Freien eine freie Markgemeinde bildeten, welcher die Aufrechterhaltung des Flurzwanges und die Regelung der Feldbestellung oblag, bildeten auch in den civitates und castella die Freien eine freie Gemeinde.[1] Ohne eine genossenschaftliche Organisation wäre eine planmässige Bestellung des in der Mark gelegenen Grundbesitzes unmöglich gewesen. Die Existenz von freien Gemeinden in den Städten ist also nicht zu bezweifeln. Das allerdings geht aus den zahlreichen Landschenkungen an Stifter und Klöster hervor, daß sich der freie Laienbesitz in den Städten zu Gunsten der toten Hand nicht unbedeutend verminderte. Dieselbe Erscheinung läßt sich aber auch auf dem Lande nachweisen.[2]

4. **Der königliche Grundbesitz.** Neben dem Grundbesitz der freien Gemeindegenossen gab es aber auch nicht unbedeutende Grundbesitzmassen, die sich in der Hand des Königs oder der geistlichen Stiftungen befanden. Der Fiskalbesitz ist selbstverständlich am größten in den königlichen Pfalzstädten, vor allem also in der civitas regia Regensburg. Schon in karolingischer Zeit standen in dieser Stadt drei königliche Pfalzen,[3] von denen die eine bis in die agilolfingische Zeit zurückreichen mag, die beiden andern von König Ludwig dem Deutschen und Arnulf erbaut sein sollen. Auch Schenkungen von königlichem Grundbesitz in und bei Regensburg werden erwähnt. 794 übertrug Karl der Grosse dem Kloster St. Emmeram 266 Morgen Land im Süden des Klosters und einen großen Wiesencomplex,[4] also ein ganz ansehnliches Stück Land in der Regensburger Mark. Abgesehen von den Pfalzen wird königlicher Grundbesitz innerhalb der Mauern nur einmal in karolingischer Zeit erwähnt in einer Urkunde Arnulfs von 893, in welcher der König dem Kloster Metten fünf curtilia prope curtem quae dicitur Odalmaneshovestiti schenkt.[5] Daß aber außerdem noch sehr viel

[1] Vergl. unten Seite 87 ff.

[2] Vergl. v. Inama-Sternegg, Deutsche Wirtschaftsgeschichte. Bd. I. Leipzig 1879 p. 292.

[3] Vergl. Gfrörer, Verfassungsgeschichte von Regensburg p. 11. — Graf Walderdorff, Regensburg in seiner Vergangenheit und Gegenwart p. 54 ff.

[4] MBo. XXVIII. 1. n. 2 p. 3 (Reg. 312).

[5] Ried, C. d. Ratisb. I. n. 73 p. 74 (Reg. 1837).

fiskalischer Grundbesitz in der Stadt war, beweisen vor allem die bedeutenden Landschenkungen in Regensburg seitens der Könige im X. und XI. Jahrhundert.[1] Dieser königliche Grundbesitz reicht sicher in die karolingische, wahrscheinlich sogar als herzoglicher Besitz in die agilolfingische Zeit zurück. In der anderen Pfalzstadt, Worms, haben wir nur eine Schenkung Arnulfs an die Cyriakskirche in Neuhausen,[2] aber sicher besaßen auch hier die Könige große Stücke Land.

In Metz haben die Karolinger zweifellos von Bischof Arnulfs[3] Zeiten her bedeutenden Familienbesitz innegehabt. 715 bestätigt Hugo sacerdos die Schenkung eines Teiles dieses Besitzes in und außerhalb der Stadt an das St. Arnulfskloster.[4] Eine Metzer Pfalz läßt sich nur in der Merovingerzeit nachweisen.[5] In Trier schenkt 853 Kaiser Lothar I. zwei Weingärten an einen Vasallen des Grafen Adalard.[6] Die Schenkung eines Fischteiches sub ipso ponte in civitate Treviris durch Karl den Dicken an St. Maximin[7] beweist, wie Schoop richtig bemerkt hat, nichts für das Vorhandensein von königlichem Grundbesitz, da solche Gewässer als herrenloses Land vom Fiskus überall beansprucht wurden. Ob die alte merovingische Pfalz in Trier bis in die karolingische Zeit fortdauerte, wissen wir nicht.[9] Eine Königspfalz in Speier nennt nur das falsche Diplom Karls des Großen für Bremen.[10] Ebenso wird eine Pfalz in Straßburg nur in den beiden gefälschten Urkunden Lothars I. und Ludwigs des Deutschen für St. Stephan erwähnt.[11] Die curtis regia in der Urkunde Herzog Adalberts von 722 ist das spätere Königshofen.[12]

Was endlich Mainz betrifft, so fehlt uns allerdings jede Nachricht aus der Karolingerzeit über ein königliches palatium in der Stadt.[13] Die Könige weilten regelmäßig in der benachbarten Pfalz

[1] Vergl. Gfrörer, a. a. O. p. 12 ff.

[2] 897: Boos, UB. Worms I. n. 26 p. 16 (Reg. 1883).

[3] 611 (612?) —627.

[4] MG. DD. I. p. 214; Dipl. Arnulf. spur. n. 7; vergl. oben Seite 71 Anm. 4, 5.

[5] actum in civitate Metis in palatio regis (743) (MG. DD. I. p. 104; Dipl. Arnulf. n. 17).

[6] Beyer, MR. UB. I. n. 84 p. 90 (Reg. 1125).

[7] Beyer, MR. UB I. n. 124 p. 130 f. (Reg. 1671).

[8] Schoop in Westd. Zeitschr. Erg. H. I. p. 73 Anm. 4.

[9] Vergl. über dieselbe Hettner, Das römische Trier p. 23.

[10] Lappenberg, Hamb. UB. n. 2 p. 6 (Reg. 286).

[11] Wiegand, UB. Straßburg I. n. 25, 28 p. 21, 24 (845, 856) (Reg. 1086, 1379).

[12] Wiegand, UB. I. n. 3 p. 3; vergl. Hegel, Straßburg p. 9.

[13] Zuerst wird eine Mainzer Pfalz erwähnt unter Heinrich IV. (Ekkehard (MG. SS. VII. p. 202), Bernold (MG. SS. V. p. 433), Bruno de bello Saxon. c. 92).

Ingelheim. Dagegen wird durch zahlreiche Urkunden die Existenz von königlichem Grundbesitz in Mainz erwiesen. Öfters wird der König als Besitzer eines Grundstückes genannt.[1] Von Karl dem Dicken wird auch die Schenkung von zwei Mainzer Kirchen an das Kloster Honau erwähnt.[2] Vor allem war aber bedeutend der Grundbesitz in Mainz, den 779 König Karl der Große an das Kloster Fulda übertrug.[3] Derselbe umfaßte nicht weniger als 25 mansi, 66 Unfreie, 16 Liten und mehrere Weinberge, also ein ganz bedeutendes Areal.

Was endlich die Kastelle betrifft, so wird in Passau einmal von Arnulf Königsgut verschenkt;[4] Salzburg wird einmal eine curtis publica am Ende der Agilolfingerzeit genannt;[5] Kreuznach[6] und Bingen[7] bildeten eigene königliche Fisci.

Aus alledem geht hervor, daß der königliche Grundbesitz auch in den Bischofsstädten und Kastellen nicht unbedeutend war. In manchen Orten, z. B. Regensburg scheint er sogar eine ganz gewaltige Ausdehnung gehabt zu haben. Andrerseits muß aber hervorgehoben werden, daß das Königsgut in den Städten ebenso wie das niedere Laiengut durch zahlreiche Schenkungen an die tote Hand sich verminderte, und daß der Zuwachs, den es besonders durch den Anfall erbelosen Gutes erhielt, kaum die Abnahme aufwog.

5. **Der kirchliche Besitz.** Leider sind die Nachrichten, die wir über den bischöflichen Besitz in den Bischofsstädten haben, außerordentlich dürftig. Dieser Mangel hängt mit der Art unserer Quellen zusammen. Von keinem der alten Bistümer am Rhein und an der Mosel haben wir aus der Karolingerzeit Traditionsbücher oder Verzeichnisse des Besitzstandes, wie wir sie von zahlreichen Klöstern dieser Gegenden, von Lorsch, Weißenburg, St. Gallen, Fulda u. s. w. besitzen. Nur die bayrischen Bistümer Passau, Frei-

---

[1] Dronke n. 43: de alia parte domni regis Karoli; Dronke n. 145: tertio latere domni regis; Dronke n. 403: ad aquilonem proprium regis est; Wenck II^a. UB. n. 15: tertio latere dominus imperator.

[2] 884 (Schöpflin n. 115 p. 92) (Reg. 1641): in Magontia basilicas duas.

[3] Dronke n. 48 p. 31 (Reg. 218): in Mogontia civitate mansos XX et V mancipia LXVI et XVI lidos et vineas ad ipsa beneficia pertinentes.

[4] 898 (MBo. XXVIII. 1. n. 89 p. 124 (Reg. 1897): in urbe Pattaviensi media dominicalem aream nostram.

[5] 788 (MBo XXVIII. 2. n. 81 p. 65): actum est haec in curte puplica que dicitur Salzpur.

[6] Unter den indominicatae villae in einer Urkunde Karls des Dicken 882 wird Crutcinacha erwähnt. (Boehmer, C. d. Moenofr. p. 7; Reg. 1602.)

[7] de fisco nostro quod est in castello Pinguuio (Urkunde Ludwigs des Frommen 832) (Sauer, Nass. UB. I. 1. n. 55 p. 22; Reg. 875).

sing und Salzburg bliden eine Ausnahme. Der Codex antiquissimus ecclesiae Pataviensis,[1] der Liber traditionum antiquus Cozrohi und der Liber traditionum magnus Conradi,[2] der Indiculus Arnonis und die Breves Notitiae Salzburgenses[3] sind unschätzbare Quellen für den ältesten Besitzstand der bayrischen bischöflichen Kirchen. Leider bilden die drei Bischofssitze Passau, Freising und Salzburg auch in anderer Beziehung eine Ausnahme. In allen dreien ist das Bistum gegründet worden, als der Ort noch sehr schwach bevölkert war. Der Grund und Boden war von Anfang an in diesen Orten fast ganz bischöflich. Deshalb findet sich mit Ausnahme einer Freisinger Urkunde[4] unter den zahlreichen Traditionsurkunden keine einzige über Gebiet am Bischofsort selbst. Übrigens ist auch nicht ausgeschlossen, daß man es nicht für nötig hielt, die Urkunden über den Besitz am Orte selbst, den man ja stets kontrollieren konnte, in die Traditionsbücher aufzunehmen. Dann würde das Fehlen von Traditionsurkunden über Passauer und Freisinger Grundstücke auf andere Weise zu erklären sein. Auch Konstanz war eine bischöfliche Neugründung an einem früher schwach bevölkerten Orte, auch in Konstanz war der bischöfliche Besitz sehr bedeutend. Die große im Süden und Westen des Ortes gelegene Biscoffeshori[5] war, wie schon der Name beweist, Eigentum der Konstanzer Bischöfe. Von dem bischöflichen Besitze in den anderen civitates wissen wir wenig. In der einzigen Bischofsstadt, deren Besitzverhältnisse wir genauer kennen, in Mainz, muss der bischöfliche Grundbesitz sehr bedeutend gewesen sein. Der heilige Martin, der Patron der Kathedralkirche, wird außerordentlich oft als Eigentümer eines Grundstückes genannt;[6] etwa ein Sechstel des gesamten Bodens mag der bischöflichen Kirche gehört haben. Dazu kommt noch der Grundbesitz der Kirchen

[1] Gedruckt MBo. XXVIII. 2. p. 3—73.

[2] Gedruckt Meichelbeck I. Pars. instrum; ferner Abhandl. d. k. bayer. Akad. d. Wiss. XIII. 1. p. 9 ff. XIV. 2. p. 77 ff.; Zahn, Cod. dipl. Austriaco-Frisingensis p. 1 ff. — Vergl. Gengler, die altbayerischen Rechtsquellen aus der vorwittelsbachischen Zeit. (Beiträge zur Rechtsgeschichte Bayerns. Heft I.) Erl. u. Leipz. 1889 p. 62 f. Anm. 16, 17.

[3] Keinz, Indiculus Arnonis und Breves Notitiae Salzburgenses. München 1869.

[4] Meichelbeck I. Pars instrum. n. 37.

[5] Wartmann II. n. 433; vergl. Mitt. z. vaterl. Gesch. XIII. (NF. III.) p. 43 Anm. 113.

[6] Dronke n. 6: de una parte s. Martyni; n. 27: tertia parte s. Martyni; n. 43. de alia parte s. Martyni; ferner n. 63, 64, 94, 143, 146, 160, 180, 224; Wenck II[a]. UB. n. 15: ex uno latere habet s. Martinus .... ex tribus lateribus habet s. Martinus .... ex uno latere habet s. Martinus.

6*

St. Maria,[1] St. Johann,[2] St. Peter, St. Clemens und St. Theonest,[3] die in unserer Zeit bloße bischöfliche Kapellen waren.[4] Wahrscheinlich ist das Bischofsgut in den anderen civitates nicht geringer gewesen. Am Ende unserer Periode und noch mehr in der folgenden Zeit erhielt der bischöfliche Grundbesitz in mehreren Städten einen bedeutenden Zuwachs dadurch, daß das königliche Eigentum an die Kathedralkirche überging. Ein solcher Anfall des Fiskalgutes fand in der Karolingerzeit in Trier[5] und Worms[6] statt.

Neben dem bischöflichen Besitz gab es in den civitates auch sehr bedeutende Besitzungen von Klöstern. In Regensburg finden wir Besitz der Klöster St. Emmeram[7] und Metten,[8] in der Konstanzer Bischofshöre Besitz des Klosters St. Gallen.[9] In Straßburg waren außer St. Stephan in Straßburg[10] die auswärtigen Klöster Weißenburg,[11] Moyen-Moutiers,[12] Ettenheimmünster,[13] Ebersheimmünster,[14] Lorsch[15] und Fulda,[16] in Worms die Klöster St. Cyriak in Neuhausen[17] und Lorsch,[18] in Trier die Klöster St. Maximin[19] und Echternach,[20] in Metz das Frauenstift St. Peter[21] und das Kloster Gorze begütert.[22] In Mainz endlich wird außer dem Grundbesitz der einheimischen Klöster St. Nikomed[23] und

[1] Dronke n. 224: ab alio latere s. Maria.

[2] Wenck II[a]. UB. n. 15: ab alio latere s. Johannes.

[3] Dronke n. 101: in una parte iacet pars s. Clementis et in alia parte s. Petri, tertia parte s. Teomasti, vergl. n. 403, 176.

[4] Vergl. unten Seite 91.

[5] Beyer, MR. UB. n. 150 p. 214 (Urkunde Ludwigs des Kindes 902; Reg. 1950).

[6] Boos, UB. Worms I. n. 28 p. 18 (Urkunde Arnulfs 898; Reg. 1894).

[7] MBo. XXVIII. 1. n. 2 p. 3.

[8] Ried, C. d. Ratisb. I. n. 73 p. 74.

[9] Wartmann II. n. 433.

[10] Wiegand, UB. I. n. 21: ab alio fronte terra s. Stephani.

[11] Wiegand, UB. I. n. 14, 18; Zeuss, Trad. Wizenb. n. 60.

[12] Wiegand UB. I. n. 20: ab alia fronte terra s. Petri de monasterio Sundalberti abbatis.

[13] Schöpflin I. n. 34 p. 38 f.

[14] Wiegand, UB. I. n. 21: ab alio latere terra s. Mauricii.

[15] Wiegand, UB. I. n. 21: ab uno latere terra s. Nazarii.

[16] Wiegand, UB. I. n. 20, 21; Dronke n. 61, 89.

[17] 897 (Boos, UB. Worms I. n. 26 p. 16).

[18] Boos, UB. I. n. 5, 6, 7, 8, 9, 21; C. d. Lauresh. II. 1991.

[19] Beyer, MR. UB. I. n. 124 p. 130 f.

[20] Beyer, MR. UB. II. Nachtr. I. n. 1, 22.

[21] Histoire de Metz. Preuves I. p. 34: mansum unum de ratione s. Petri.

[22] Histoire de Metz. Preuves I. p. 33, 41.

[23] Dronke n. 27: de una parte s. Nigodimi.

St. Alban[1] Besitz von Kloster Herrieden[2] und St. Maximin[3] bei Trier, sowie Hersfelder,[4] Fuldaer[5] und Lorscher[6] Grundbesitz erwähnt. Dem Kloster Lorsch gehörte vor allem die Mainzer Lambertikirche.[7] Für die spätere Zeit haben wir über den Lorscher Besitz in Worms und Mainz genauere Nachrichten. Danach besaß das Kloster in Worms 171 Morgen Ackerland als Salland und einen bedeutenden Wiesenkomplex,[8] während nach einem ausführlichen späteren Güterverzeichnis ihm in Mainz nicht weniger als 45 areae, $7^1/_2$ mansi, $31^1/_2$ jurnales, ein Frohnhof und mehrere Weingärten gehörten.[9] Nach den Urkunden im Traditionsbuche scheint dieser Besitz schon im IX. Jahrhundert vorhanden gewesen zu sein. Noch bedeutender war nach allem, was wir von ihm wissen, der Fuldaer Besitz in Mainz. Daneben mag es in den Städten noch zahlreiche Klosterbesitzungen gegeben haben, von denen uns zufällig keine Nachrichten erhalten sind. Jedenfalls bedeutete das Klostergut in den civitates eine wirtschaftliche Macht, die mehr als bisher beachtet zu werden verdient.

6. **Die Unfreien.** Die freie Gemeinde und der Klerus bildete nicht die einzige Bevölkerung der Stadt. Auf den Gütern des Königs, der Bischöfe, der Klöster, der Laiengrundbesitzer saßen zahlreiche Unfreie. Manche derselben bebauten ihr Land als unfreie Hintersassen. Andere bewirtschafteten das königliche und bischöfliche Salland als unfreie Knechte und fanden ihre Wohnung im Fronhofe. Auch zur Bewirtschaftung des Klostergutes und des Laienbesitzes waren unfreie Kräfte erforderlich.

Unfreie des Königs (fiscalini) begegnen uns in Worms. Sie werden teils an das St. Cyriaksstift in Neuhausen, teils an die Domkirche in Worms geschenkt.[10] In Mainz werden von König Karl dem Großen außer 66 Unfreien auch 16 Liten dem Kloster Fulda

---

[1] Dronke n. 18: de una parte s. Albani, vergl. n. 27, 63, 64, 143, 403.

[2] Dronke n. 145.

[3] Dronke n. 63: quarta s. Maximini.

[4] Dronke n. 63: quarta parte ad Herolfesfeld; Wenck II^a. UB. n. 15.

[5] Dronke n. 2, 6, 8, 18, 19, 20, 23, 27, 43, 49, 63, 64 etc., vergl. Seite 78 Anm. 4.

[6] C. d. Lauresh. II. 1965—1996 etc., vergl. Seite 78 Anm. 3.

[7] C. d. Lauresh. II. 1966—1972, 1974.

[8] C. d. Lauresh. III. 3674: In Wormatia inveniuntur ad dominicos usus de terra arabili jurnales 171, de pratis ad carradas 150.

[9] M. G. SS. XXI. p. 343 (Chron. Lauresh.): Omnes igitur areae sunt XLV, solventes 17 uncias; hubae VII et dimidia, solventes 10 solidos et 5 denarios; iurnales XXXI et dimidius, et curtis dominicalis cum vineis.

[10] 897 (Boos, UB. Worms I. n. 26 p. 14 f.): nostri servitores infra Wormaciensem urbem.

übertragen.[1] Solche Halbfreie und Unfreie gab es überall, wo königliches Gut vorhanden war.

Daß die Bischöfe in den Städten große Fronhöfe und zahlreiche Unfreie besaßen, ist nie bezweifelt worden. Daneben hatten auch einheimische und auswärtige Stifter und Klöster bedeutende Fronhöfe und viele Unfreie. In Mainz werden den Klöstern Lorsch[2] und Fulda[3] oft mancipia und servi geschenkt. Die Zahl der Fuldaer Unfreien in Mainz muß mehrere Hunderte betragen haben, dieselben bildeten also eine ganz stattliche Wirtschaftsgemeinde.

Unfreie auf Laienbesitz werden in Mainz häufig erwähnt.[4] Ihre Zahl kann nicht gering gewesen sein. Wenn Gundrahm eine area mit 56 mancipia,[5] wenn Hadurich 3 areales mit 47 mancipia[6] verschenken kann, so beweisen diese Zahlen, daß auch einfache Freie über ein großes unfreies Contingent verfügen konnten.

Jeder dieser Wirtschaftsbetriebe, sei es der des Königs, sei es der des Bischofs, sei es der eines Stiftes oder eines einfachen Freien, bildete mit seinen unfreien Hintersassen eine wirtschaftliche Genossenschaft für sich. Eine rechtliche Sonderstellung der einzelnen Wirtschaftbetriebe trat erst ein, wenn der Inhaber die Immunität erhielt. Die meisten Klöster und auch manche Laien haben dieselbe schon in karolingischer Zeit empfangen. Nicht nur zwei unfreie Gemeinden, die des Königs und des Bischofs, wie Arnold[7] annimmt, gab es in des Stadt; in manchen Städten mochten 10 bis 20 Wirtschaftsbetriebe eigene rechtlich anerkannte Gemeinden für sich bilden. Mochten auch zu dem Fronhofe des Bischofs oder des Königs zehn- oder zwanzigmal mehr Unfreie gehören, auch der kleine immune Klosterfronhof nahm rechtlich eine Sonderstellung ein. Man hat bisher auf dem Gebiete der Forschung nach der Entstehung der deutschen Stadtverfassung den königlichen oder bischöflichen Fronhof allzusehr in den Vordergrund gerückt und die anderen Immunitätsgemeinden entweder mit einigen Worten abgefertigt oder ganz ignoriert. Man erklärte die ständische Entwickelung in den Städten aus einer Verschmelzung der freien und der bischöflichen unfreien Gemeinde und übersah, daß die Unfreien des Bischofs nur einen Bruchteil der gesamten Unfreien der civitas

---

[1] 779 (Dronke n. 48): in Mogontia civitate mansos XX et V et mancipia LXVI et XVI lidos.

[2] C. d. Lauresh. II. 1347, 1418, 1981, 1991, III. 3452.

[3] Dronke n. 49, 63, 64, 101, 137, 169, 210, 406, 604.

[4] Vergl. Anm. 2, 3.

[5] Dronke n. 604.

[6] Dronke n. 137.

[7] Arnold, a. a. O. p. 26.

darstellten. v. Below gebührt das Verdienst, zuerst in diese ständischen Verhältnisse volle Klarheit gebracht zu haben.[1]

Daran müssen wir jedenfalls festhalten: Von einer unfreien Gemeinde der Stadt kann nicht die Rede sein. Die unfreie Bevölkerung zerfiel in so viele Genossenschaften, als es größere Wirtschaftskomplexe gab. Diesem unfreien Element gegenüber bildeten die Freien der civitas ein großes Ganze, eine freie Gemeinde der Stadt.

§ 8.

3. Die rechtlichen Verhältnisse in den civitates.

1. **Einleitung.** Über das communale und rechtliche Leben der Bewohner der civitates erhalten wir aus den karolingischen Quellen nur wenige Aufschlüsse. Ebenso wie die Verfassung der Landgemeinde liegt die Verfassung der Gemeinde in der civitas in der älteren Zeit völlig im Dunkeln. Hätte sie bedeutende Abweichungen gezeigt, so wären uns wahrscheinlich Nachrichten darüber überliefert worden. Das völlige Schweigen der Quellen spricht dafür, daß keine großen Unterschiede zwischen Stadt- und Landgemeinde bestanden. Sicher wissen wir, daß mehrere civitates mit dem umliegenden Gebiete eine Markgenossenschaft gebildet haben, die auch ländliche Ansiedlungen umfaßte, genau ebenso wie auf dem Lande zu einer Markgemeinde meistens mehrere Dörfer gehörten.[2] Die Ausdrücke Megunzer Marca,[3] Marca Wormacia,[4] Marca Bingiorum[5] lassen das Bestehen einer Mainzer, einer Wormser, einer Binger Markgenossenschaft folgern. Über die Zugehörigkeit dieses Markgebietes zur Stadt und über die Einschließung desselben in den Begriff der civitas ist schon oben[6] geredet worden. Daß auch ungeteiltes Land (Allmende) in der Stadtmark vorhanden war, ergiebt, wie schon Maurer[7] gesehen hat, der Ausdruck terra culta et inculta. Grade für die beiden Städte, deren Mark uns erwähnt wird, für Mainz und Speier ist aber in jüngster Zeit das Vorhandensein einer das ganze Stadtgebiet umfassenden Mark geleugnet

[7] HZ. 58 (NF. 22) p. 224.
[1] Vergl. Maurer, Einleitung p. 174 ff.
[3] C. d. Laur. II. 1980; Dronke n. 43, 64.
[4] Boos, UB. Worms I. n. 7.
[5] C. d. Laur. II. 1315—1321.
[6] Siehe oben Seite 61 f.
[7] Maurer, Stadtverf. II. p. 172.

worden. In seiner 1890 erschienenen Schrift über den Ursprung der Stadtverfassung in Worms, Speier und Mainz nimmt Koehne[1] als die eigentlichen Markgemeinden die Wormser und die Mainzer Spezialgemeinden an und sieht in der marca Wormacia, der marca Magontiorum ein größeres unter mehrere Markgenossenschaften verteiltes Gebiet.

2. **Die Sondergemeinden.** Die in manchen deutschen Städten nachweisbaren Sondergemeinden und ihr Zusammenhang mit den Kirchspielen insbesondere sind in jüngster Zeit in zahlreichen Werken[2] eingehender behandelt worden. Während aber sämtliche anderen Forscher sich ausschließlich auf die Zeit vom XI. Jahrhundert an beschränken und für die früheren Perioden entweder das Vorhandensein von Sondergemeinden leugnen oder über das Bestehen derselben das Urteil „ignoramus" fällen, hat Koehne den Versuch gemacht, in Worms und Mainz die Existenz von Spezialgemeinden auch für das karolingische Zeitalter nachzuweisen. Da gerade dieser Teil der Koehne'schen Arbeit in keiner der mir bekannten Recensionen eine genauere Besprechung gefunden hat, dürfte es am Platze sein, die Koehne'schen Beweise für ein so frühes Bestehen von Sondergemeinden eingehender zu prüfen.

Für Worms zieht Koehne die Wormser Mauerbauordnung heran, die er dem Bischof Theotalach (891—914) zuschreibt,[3] während Schaube sie, meiner Ansicht nach mit weit mehr Recht, in die Zeit Bischof Burchards verlegt.[4] Selbst wenn wir aber Koehnes Datierung für richtig halten, werden wir aus der Mauerbauordnung kaum das Bestehen von Wormser Spezialgemeinden am Ende der Karolingerzeit folgern können. In der Mauerbauordnung[5] heißt es, daß „de loco qui dicitur Frisonenspira usque ad Rhenum ipsi Frisones restauranda muralia procurent". Der darauffolgende Teil der Mauer wird mehreren Dörfern, ein weiterer Teil der familia des Klosters Murbach zur Besorgung übertragen. „Deinde usque ad Pawenportam urbani qui Heimgereiden vocantur operando per-

[1] Koehne, Der Ursprung der Stadtverfassung in Worms, Speier und Mainz. Breslau 1890. p. 305 Anm. 2.

[2] Zu nennen ist vor allem Liebe, Die communale Bedeutung der Kirchspiele in den deutschen Städten. Berlin 1885, ferner v. Below, Der Ursprung der deutschen Stadtverfassung. Düsseldorf 1892 p. 79 ff. Die weitere Literatur ist aufgezählt bei Koehne, a. a. O. p. 78 ff.

[3] Koehne, a. a. O. p. 395 ff.

[4] Schaube, Z. f. Gesch. d. Oberr. NF. III. p. 261, ferner Schaube, Zur Enstehung der Stadtverfassung von Worms, Speier und Mainz. Breslau 1892 p. 47 Anm. 183.

[5] Gedruckt von Falk in Forsch. z. d. Gesch. XIV. p. 397 ff.

vigilent." Da der Ausdruck Frisonenspira (Friesenthor?) und auch die Erwähnung einer platea Frisonum 1141 [1] darauf schließen lassen, daß in Worms ein bestimmter Stadtteil von den Friesen bewohnt wurde, konstatiert Koehne [2] das Vorhandensein von zwei Ortsgemeinden, zwei Sondergemeinden, von denen die eine die Friesen, die andere die urbani qui Heimgereiden vocantur gebildet hätten. Unter den letzteren versteht Koehne die Bewohner der ummauerten Altstadt. Beide Sondergemeinden sind aber nach Koehne Markgemeinden.

Koehne ignoriert vollständig, daß gerade der Ausdruck „urbani qui Heimgereiden vocantur" beweist, daß diese urbani die einzige Markgemeinde von Worms bilden. Sie werden grade zum Unterschied von allen anderen die Heimgereiden d. h. die Teilnehmer am Markgericht genannt. Koehne ignoriert ferner, daß die Friesen, wenn sie auch in Worms ebenso wie in Mainz [3] in einem besonderen für den Handel günstig gelegenen Stadtviertel wohnen, keine von Alters her ansässigen Einwohner, sondern fremde Kaufleute sind. Sie bilden in Worms eine Genossenschaft von Fremden, die man wohl als Gilde bezeichnen könnte, aber keine Ortsgemeinde, keine Sondergemeinde, noch weniger eine Markgenossenschaft. Mit demselben Rechte könnte Koehne die späteren Gilden der deutschen Kaufleute in den nordischen Städten als Sondergemeiden betrachten. Koehnes Beweis für das Bestehen von Wormser Spezialgemeinden in karolingischer Zeit muß also als vollständig gescheitert angesehen werden.

Nicht stichhaltiger ist Koehnes Beweis für das Bestehen von Sondergemeinden in Mainz während des IX. Jahrhunderts. [4] In einer Urkunde von 815 [5] wird dem Kloster Hersfeld unter anderen Grundstücken auch ein Grundstück in loco qui dicitur porta s. Quintini [6] geschenkt, ferner ein anderes in loco, qui dicitur Rahhada porta und ein drittes ebenfalls in ipsa porta Rahhadero. Da nun diese portae, in denen oder auf denen Grundstücke liegen, nicht als Thore aufgefaßt werden können, da in späterer Zeit vereinzelt eine Benennung von Spezialgemeinden nach Stadtthoren in zwei deutschen und einer italienischen Stadt sich nachweisen läßt, zieht Koehne den kühnen Schluß, daß unter den portae Mainzer Sondergemeinden zu verstehen sind. Die Schwäche dieses Beweises liegt klar vor

---

[1] Boos, UB. Worms I. n. 71. [2] Koehne, a. a. O. p. 84 f.

[3] Annal. Fuld. 886 p. 104: Optima pars Mogontiae civitatis, ubi Frisiones habitabant.

[4] Koehne, a. a. O. p. 97 f. [5] Wenck II^{a}. UB. n. 15.

[6] Koehne spricht immer fälschlich von einer porta s. Quirini.

Augen. Eine Widerlegung ist im Grunde nicht nötig. Trotzdem wollen wir untersuchen, was unter den portae zu verstehen ist.

Die Rahhada porta wird an anderen Stellen nicht erwähnt, die porta s. Quintini aber findet sich noch in zwei Lorscher Urkunden vom 28. Mai[1] und vom 15. Juni 774.[2] Beide Urkunden sind also fast gleichzeitig. In der ersten schenkt Nanther einen Hof in Mainz in porta s. Quintini, in der andern Richbald eine Hofstätte in Mainz iuxta portam s. Quintini. Daß in diesem Falle mit der porta s. Quintini kein Gemeindebezirk gemeint sein kann, ist selbstverständlich. Die Lage eines Grundstückes kann nur angegeben werden nach dem Bezirke, in dem es liegt, nicht nach dem Bezirke, neben dem es liegt. Was unter der porta s. Quintini zu verstehen ist, ergiebt ein Verzeichnis des XII. Jahrhunderts über die Mainzer Güter des Klosters Lorsch. Dort heißt es wörtlich:[3] In s. Quintini platea iacet una area dans IX denarios et alia iuxta illam III denarios. Offenbar sind dieselben beiden Grundstücke wie 774 gemeint. Ihre Lage ist genau ebenso anzugeben, nur steht statt porta die Bezeichnung platea. Der Schluß ist also wohl gerechtfertigt, daß unter der porta s. Quintini und der Rahhada porta im VIII. und IX. Jahrhundert die an den betreffenden Thoren gelegenen Plätze, jedenfalls aber keine Sondergemeinden zu verstehen sind.

Die weiteren Ausführungen Koehnes über die Sondergemeinden von Mainz, Worms und Speier betreffen spätere, größtenteils sogar recht späte Verhältnisse und können deshalb hier nicht besprochen werden. Daran müssen wir jedenfalls festhalten, daß in diesen Städten in der Karolingerzeit keine Sondergemeinden sich nachweisen lassen; im Gegenteil lassen die Ausdrücke marca Magontiorum, marca Wormacia und urbani qui Heimgereiden vocantur auf die Existenz nur einer Mainzer, einer Wormser Markgemeinde schließen. Für die einzige Römerstadt, in der die Sondergemeinden nachweislich eine große Rolle gespielt haben, für Köln,[4] haben wir leider aus karolingischer Zeit kein Quellenmaterial.

Eine Parochialeinteilung innerhalb der civitates läßt sich in unserer Zeit nirgends nachweisen. Wohl werden in manchen Städten, besonders in Mainz, neben der Kathedrale noch andere

---

[1] C. d. Laur. II. 1988.
[2] C. d. Laur. II. 1982.
[3] MG. SS. XXI. 342.
[4] Über die Kölner Sondergemeinden vergl. Liesegang, Die Sondergemeinden Kölns. Bonn 1885. — v. Below, Die Entstehung der deutschen Stadtgemeinde p. 38 ff.

Kirchen[1] genannt, aber nie erfahren wir von einem besonderen parochus derselben, nie von städtischen Parochieen. Die herrschende kirchliche Theorie, die besonders von Hinschius[2] durch Beispiele belegt ist, daß bis zum Ende des X. Jahrhunderts die Städte nur eine Parochie gebildet haben, daß die Domkirche die einzige städtische Pfarrkirche, die übrigen Kirchen bloße Kapellen sind, wird durch keine Quellenstelle erschüttert.

2. **Die Fortdauer der römischen Municipalverfassung.** Sowohl in Frankreich wie in Deutschland herrschte am Anfange unseres Jahrhunderts allgemein die Ansicht,[3] daß die spätere Stadtverfassung des Mittelalters entstanden sei aus der alten römischen Municipalverfassung oder wenigstens mit derselben in einem gewissen Zusammenhange stehe. Während aber in Frankreich diese Theorie noch lange Zeit, vor allem durch Raynouard[4] und Guizot[5] vertreten, als die herrschende gegolten hat und erst in den letzten Jahren verdrängt zu werden anfängt,[6] ist in Deutschland seit den gründlichen Ausführungen Hegels[7] nicht viel mehr von einem römischen Ursprunge der deutschen Städte die Rede gewesen. Erst in jüngster Zeit ist in Deutschland die Theorie vom römischen Ursprung der deutschen Stadt wieder aufgenommen worden.[8] Der Beweis ist vor allem geführt worden durch eine Vergleichung der Begriffe und Worte des spätrömischen Städtewesens mit den Begriffen und Worten des Städtewesens im späteren deutschen Mittelalter. Dagegen sind die inneren Verhältnisse der civitates während der Merovinger- und Karolingerzeit fast gar nicht berücksichtigt. Nur wenn wir von denselben uns ein klares Bild gemacht haben, werden wir die Frage nach der Fortdauer der römischen Municipalverfassung beantworten können.

Nur ganz vereinzelt finden sich in den merovingischen Quellen Spuren, die auf eine Fortdauer der römischen municipalen

---

[1] In Mainz St. Johann, St. Maria, St. Peter, St. Clemens, St. Theonest; vergl. oben Seite 84.

[2] Hinschius, System des Kirchenrechts. Bd. II. p. 278 f.

[3] In Deutschland vertreten durch Gemeiner, Eichhorn, Gaupp, v. Savigny.

[4] Raynouard, Histoire du droit municipal en France. 2 Tom. Paris 1829.

[5] Guizot, Histoire de la civilisation en France (leçons 16—19). Paris 1828—30.

[6] Besonders bekämpft wird die alte Ansicht durch Flach, Les origines de l'ancienne France. Tome II. Paris 1893 p. 227 ff.

[7] Hegel, Geschichte der Städteverfassung von Italien. Leipzig 1847. Bd. II. p. 345 ff.

[8] Kuntze, Die deutschen Städtegründungen oder Römerstädte und deutsche Städte im Mittelalter. Leipzig 1891; vergl. Schulte in den Gött. Gel.-Anz. 1891 Heft II. p. 520 ff.

Einrichtungen in den deutschen civitates schließen lassen. Während die westfränkischen Formelsammlungen noch verhältnißmäßig häufig des defensor und der curia gedenken,[1] werden nur einmal bei Gregor von Tours[2] die seniores urbis von Metz genannt. Ob dieselben aber noch einen wirklichen Senat bilden, oder ob bloß der alte Name sich erhalten hat, läßt sich nicht mit Sicherheit entscheiden. Dagegen, daß sie noch als autonomer Senat fortbestehen, spricht m. E. der Umstand, daß sie in Verbindung mit dem fränkischen Gerichtsbeamten, dem dux, erwähnt werden. Wahrscheinlich sind darunter blos die reicheren und angeseheneren Einwohner der Stadt zu verstehen, die mit dem reichsten und mächtigsten Manne der Stadt, dem dux, in engem Verkehr stehen. Ihre Vorfahren mögen einst den Senat gebildet haben, sie haben vielleicht bloß den Namen, nicht aber auch das Amt bewahrt. Auch wir sprechen ja noch heute oft von Nürnberger, Danziger etc. Patrizierfamilien, obwohl ein Patriziat im rechtlichen Sinne längst nicht mehr besteht. Ebenso wenig wissen wir, ob in Trier die senatorische Familie, welcher der heilige Germanus angehörte,[3] noch im Besitze des senatorischen Ranges war; jedenfalls haben sich in der Familie die römischen Namen erhalten, der Vater heißt Optardus, die Brüder Ophtomarus und Numerianus. Nachdem vor kurzem durch die scharfsinnige Untersuchung Pfisters[4] zwar nicht sicher bewiesen, aber doch wahrscheinlich gemacht ist, daß die sogenannte Marculf'sche Formelsammlung in der Metzer Diözese, also auf deutschem oder wenigstens dem deutschen benachbarten Gebiete entstanden ist, sind die Spuren, die auf eine Fortdauer der römischen Municipalverfassung auf deutschem Boden schließen lassen, um eine neue vermehrt worden. In zwei zusammengehörigen Marculf'schen Formeln[5] wird nämlich der defensor und die curia erwähnt. Doch ist sehr wohl möglich, daß diese beiden Formeln nicht Metzer, sondern gallischen Urkunden entlehnt sind. Vor allem aber scheint mir der Verfasser der Sammlung selbst durch die Überschrift zu Formel 37: Gesta iuxta consuetudine Romanorum qualiter donationes vel testamenta legentur zu beweisen, daß er diese Formeln als etwas Fremdes ansah.

In der Karolingerzeit sind auch nicht die geringsten Spuren,

---

[1] Vergl. oben Seite 20.

[2] Greg. Turon. Hist. Franc. VIII. 21 p. 339.

[3] Vita s. Germani 2 (AA. SS. Febr. Bd. III. p. 264): s. Germanus abbas et martyr natali solo Trevirensium urbis incola fuit, ex genere Senatorum genitus . . . . Pater eius Optardus, fratres vero eius Ophtomarus et Numerianus.

[4] Rev. hist. T. 50 p. 43 ff.

[5] Marculf II. n. 37, 38 (MG. Form. I. p. 97 f.).

die auf ein Weiterbestehen der römischen Municipalverfassung schließen lassen könnten, zu finden. Allerdings wissen wir nur wenig von den inneren Verhältnissen der meisten civitates. Aber gerade über eine besonders wichtige civitas, über Mainz, sind wir verhältnißmäßig gut unterrichtet. Wir haben oben[1] gesehen, daß zahlreiche Mainzer Grundbesitzer in Urkunden genannt werden. Offenbar gehörten dieselben der reichen und vornehmeren Bevölkerung der Stadt an. Hätten sich Reste der Municipalverfassung bis in die Karolingerzeit gerettet, so würde jedenfalls einer oder der andere dieser Bewohner der civitas Mainz einen römischen Titel (senator, curialis etc.) führen. Auf den Inschriften der römischen Zeit werden immer mit Stolz sämtliche municipale Titel angeführt; sollte man sie in den Urkunden der Karolingerzeit ignoriert haben? Jedenfalls steht aber die Thatsache fest, daß wohl ab und zu der freie Stand eines Tradenten ausdrücklich hervorgehoben,[2] aber nie einer Person ein municipaler Titel beigelegt wird.

Der Ausdruck civis, der öfter von den Einwohnern der civitates[3] gebraucht wird, ist kein Beweis für das Fortbestehen einer Bürgergemeinde im römischen Sinne. Das Wort civis ist synonym geworden mit habitator, incola; es bedeutet nichts weiter als „Einwohner“. So werden z. B. in der Translatio s. Alexandri die heidnischen Sachsen cives genannt.[4] Nicht beweisend ist ferner die Erwähnung eines quidam nobilis tam genere quam forme Romanus, Dominicus nomine, Preonensium plebis concives.[5] Eine römische civitas der Breonen läßt sich nicht nachweisen und hat, da auf der Peutinger'schen Tafel[6] jede Andeutung einer solchen fehlt, unzweifelhaft nicht bestanden. Dagegen haben die Breonen wahrscheinlich ein eigenes Bistum gebildet.[7]

Daß die Fortdauer des Ausdruckes civitas kein Beweis ist für die Fortdauer der römischen civitas, daß die Bezeichnung civitas vielmehr eine ganz andere Bedeutung angenommen hat, ist oben genug erörtert worden.

Vor allem aber spricht gegen das Fortbestehen der römischen

---

[1] Vergl. oben Seite 78.

[2] z. B. C. d. Laur. II. 1347: Homo quidam ingenuus nomine Autgisus.

[3] z. B. von Regensburg (Pez, Thesaurus III. 1. p. 220: actum autem hoc coram civibus urbis Regiae Radasponensis), von Konstanz (Müllenhoff-Scherer, Denkm. n. 21: Constantiae civis) u. s. w.

[4] Transl. s. Alex. 4 (MG. SS. II. p. 676): quatenus earum signis et virtutibus sui cives a paganico ritu . . . . . converterentur.)

[5] Arbeos Vita s. Corbiniani ed. Riezler (M. Abh. XVIII. 1. p. 268).

[6] herausgegeben in Müllenhoff, Germania antiqua p. 153 ff.

[7] Vergl. Hauck, KG. Deutschl. I. p. 327 Anm. 4.

Municipalverfassung abgesehen von dem völligen Schweigen der Quellen der Umstand, daß in dem ehemaligen Wirkungskreise der municipalen Beamten in karolingischer Zeit ganz andere Kräfte thätig sind. Die Sorge für das Marktwesen,[1] die Regelung von Maß und Gewicht[2] etc. war Sache der königlichen Beamten, der Grafen oder der späteren Stadtherren, der Bischöfe. An diese sind die Verordnungen der fränkischen Könige gerichtet.[3]

Eine Exemtion der Stadt von der öffentlichen Gerichtsbarkeit besteht in der karolingischen Zeit nicht. Auch in der civitas wird das öffentliche Gericht abgehalten, in der civitas hat meist wohl auch der Gaugraf seinen Sitz, so daß er einfach comes Coloniensis,[4] comes Metensium[5] genannt wird. Nicht nur das actum civitate publice und die Erwähnung der Zeugen in Privaturkunden[6] beweist das Dingen des öffentlichen Gerichtes in der Stadt; ausdrücklich wird die Abhaltung eines Grafen-[7] und eines Vicargerichtes[8] in der Stadt Regensburg erwähnt in einer St. Emmeramer Formel. Die sogenannte erweiterte Immunität, die in karolingischer Zeit nur dem Bistum Trier[9] verliehen wird, bedeutet kein Ausscheiden der Stadt aus dem gewöhnlichen Gerichtsverbande, sondern blos einen Übergang der Grafenrechte im Bistum an den Bischof. Allerdings scheinen manche civitates — ob alle, wissen wir nicht — schon in karolingischer Zeit einen besonderen Untergerichtsbezirk gebildet zu haben. Die Traditio Ratharii cuiusdam Romani in Regensburg erwähnt wenigstens einen subvicarius civitatis.[10] Derselbe ist aber der gewöhnliche Unterbeamte des gräflichen Vikars,[11] kein besonderer städtischer Richter.

Von den wenigen Befugnissen, die nach den Formelsammlungen die alten Municipalbeamten im Westfrankenreiche behalten haben,

---

[1] Vergl. Rathgen, Die Entstehung der Märkte in Deutschland. Straßb. Diss. 1881.

[2] Vergl. Schmoller, Die Verwaltung des Maß- und Gewichtswesens im Mittelalter. (Jahrbuch f. Gesetzgeb. Jahrg. 1893 p. 289 ff.)

[3] Capit. Suesson. 744 c. 6 (MG. Capit. I. p. 30): Et per omnes civitates legitimus forus et mensuras faciat secundum habundantia temporis (nämlich der Bischof) etc.

[4] Annal. Colon. breviss. 849 (MG. SS. I. p. 97).

[5] Nithard (841) lib. II. c. 6 p. 21.

[6] z. B. Dronke n. 2, 11 b, 12 ff. u. s. w.

[7] Form. s. Emmerami 9 (MG. Form. I. p. 463): in illa civitate in mallo publico ante illo vicario.

[8] Form. s. Emmerami 9 (MG. Form. I. p. 465): Cum resedisset vir inluster ille comis in illa civitate in mallo publico una cum rachinburgis.

[9] Beyer, MR.UB. I. n. 143 p. 208 (Urkunde Zwentibolds 898; Reg. 1921).

[10] Pez, Thes. III. 1. Anam. trad. I. c. 27 p. 220.

[11] Sohm, R. u. GV. p. 271.

sind die sogenannten gesta municipalia[1] auf deutschem Boden nie geübt worden. Sie haben allein in Frankreich und Spanien eine Fortbildung erlangt, dem reinen germanischen Rechte ist dieser Akt der freiwilligen Gerichtsbarkeit fremd geblieben. Die Erneuerung verlorener Urkunden[2] durch Aufnahme der appennis fand wahrscheinlich auch auf deutschem Boden statt, aber sie wurde schon früh dem defensor und der curia entzogen und dem Grafengerichte übertragen, bis schließlich die königliche pancharta die appennis ganz verdrängte. In Gallien konnten die alten Municipalbeamten wenigstens ein Scheinleben weiterführen, auf deutschem Boden gab es nichts für sie zu thun, sie waren überflüssig geworden und verschwanden, und mit ihnen ging auch die römische Municipalverfassung, die privilegierte Stellung der civitates zu Grabe.

In der Karolingerzeit genießt die Civitas auf deutschem Boden nur thatsächliche Vorzüge vor dem platten Lande. Sie ist ummauert, sie ist Bischofssitz, sie ist bevölkerter als die Dörfer, in ihr werden die mansi durch die areae verdrängt. In rechtlicher und kommunaler Hinsicht bestand zwischen Stadt und Land kein Unterschied. Eine rechtliche Privilegierung der Stadt und ein spezifisch städtisches Gemeindeleben sollte in Deutschland erst in einer späteren Zeit entstehen.

Exkurs.

Die altgermanische Burg.[3]

Civitas und Burg. Jedes Volk, das, sei es erobernd, sei es in friedlichem Verkehr mit einer älteren höheren Kultur in nähere Berührung kommt, versucht die ihm fremden Einrichtungen und Gegenstände zunächst durch Benennungen aus dem eigenen Sprach-

[1] Vergl. Schröder, RG. p. 125.

[2] Vergl. Zeumer, Über den Ersatz verlorener Urkunden im fränkischen Reiche. (Sav. Z. f. RG. Bd. I. p. 89 ff.)

[3] Vergl. Waitz, VG. I. p. 116, 414. — Waitz, Jahrbücher König Heinrichs I. p. 234 ff. — Hegel, Lateinische Wörter und deutsche Begriffe. (NA. XVIII. p. 212 f.) — Peucker, Das deutsche Kriegswesen der Urzeiten II. p. 416 ff.

schatze sich zu verdeutlichen. Nur wenn kein einziger passender Begriff sich im eigenen Wortschatze findet, recipirt man ein Fremdwort aus der Sprache des fremden Volkes. Meistens erklärt man den fremden Begriff durch ein der eigenen Sprache entlehntes Wort, wenn auch der dem eigenen Worte zu Grunde liegende Begriff nur eine ganz äußerliche Ähnlichkeit mit dem fremden Begriffe hat. Eine noch unentwickelte, in den Kinderschuhen steckende Nation sieht nicht das Wesen der Dinge. Für sie ist die äußerliche Ähnlichkeit die Hauptsache, in ihr findet sie das tertium comparationis. Die althochdeutschen Glossen geben uns darüber Aufschluß, in welcher rein äußerlichen, geradezu naiven Weise man römische Begriffe durch deutsche Worte zu erklären versuchte.

Ein solches deutsches Wort, das in den Glossensammlungen und Übersetzungen zur Erklärung der römischen Begriffe urbs, civitas, municipium etc. regelmäßig gebraucht wird, ist das Wort „Burg" (g. baurgs; ahd, burg, burc, burch, purch, purg, purc, puruc; as. burg, burug; ags. byrig; an. borg). Schon Ulfilas übersetzt in seiner Bibel regelmäßig das griechische Wort *πόλις* durch „baurgs". Die althochdeutschen Glossensammlungen[1] verdeutschen die lateinischen Worte, welche die Stadt bedeuten, durch „burc". Vor allem bei den beiden bedeutendsten deutschen Dichtern des IX. Jahrhunderts, bei dem Bayern Otfried[2] und bei dem sächsischen Verfasser des Heliand[3] findet sich das Wort civitas in der Vulgata resp. im Tatian immer durch „burg" wiedergegeben. Ja der Verfasser des Heliand hat sogar eine besondere Vorliebe dafür, die Namen der als civitates erwähnten Ortschaften durch Anhängung der Endsilbe „burg" möglichst dem germanischen Sprachgebrauche anzupassen.[4] Die Worte des römischen städtischen Lebens werden regelmäßig durch Zusammensetzungen mit „burg" oder Ableitungen von „burg" erklärt. Für suburbana findet sich unterpurigi[5] und vuriburgi,[6] für metropolis houpitpurg oder erzipiscophtuomlihiupurch,[7] für urbes tabernaculorum uueidipurigi oder seliburgi[8] ge-

---

[1] z. B. die hrabanisch-keronische Glosse civita(s) = burc (Gl. I, p. 268); vergl. Gl. I. p. 219, 730, 731, 736 und anderwärts.

[2] Otfried ed. Kelle II. $17_{,18}$; IV. $6_{,22}$; II. $14_{,5}$ u. s. w.

[3] Heliand ed. Heyne 1395 ff.; vergl. das Glossar unter burg.

[4] Heliand 404: Bethlêmaburg; 3548, 3656: Hierichôburg; 257, 782 ff.: Nâzarethburg; 57, 63, 67 ff.: Rûmuburg; 2984: Sidônoburg; 1952: Sodomóburg.

[5] Gl. I. p. 463, 620.

[6] Summarium Heinrici VIII. c. 2 de edificiis publicis in dem noch ungedruckten Bd. III. der Althochd. Glossen. Ich verdanke diese Mitteilung Herrn Professor Steinmeyer in Erlangen.

[7] Graff III. p. 181, 354.

[8] Gl. I. p. 321, 326, 321.

braucht, eine populosa civitas heißt Dietpurc,[1] die municipes und cives werden als burgara oder purcliuti[2] bezeichnet, municipalis ist giburclich[3] u. s. w.

Wir ersehen aus dieser immer wiederkehrenden Übersetzung, daß unter den deutschen Worten das Wort „burg" dasjenige war, welches, wenigstens nach deutscher Anschauung, am meisten dem lateinischen Worte civitas entsprach. Daß die Ähnlichkeit zwischen civitas und Burg nicht in der inneren Verfassung der beiden zu suchen ist, liegt auf der Hand. In der rein agrarischen altgermanischen Wirtschaftsverfassung ist eine der römischen Municipalverfassung ähnliche Institution undenkbar. Die Ähnlichkeit zwischen civitas und Burg ist in rein äußerlichen Eigenschaften zu suchen. Zwei Erklärungen sind möglich, und beide haben in der Litteratur Anklang gefunden. Die einen finden das tertium comparationis in der Befestigung und erklären demgemäß die Burg für einen befestigten Ort. Nach der anderen Ansicht, die vor allem Waitz[4] vertritt, war Burg der „allgemeine Name einer jeden größeren Ortschaft," die Ähnlichkeit mit der civitas ist deshalb in der Größe der Ansiedlung zu suchen.

Die von Waitz aufgestellte Ansicht hat m. E. sehr wenig für sich. Die Ableitung des Wortes „burg" von „bergen," die allgemein anerkannt ist, und die auch Waitz aufrecht erhält, weist unzweifelhaft auf einen schützenden, verteidigenden, also befestigten Ort hin. Die Erklärung der Burg als „die Menschen bergende, umfassende, also volkreiche Ortschaft" beruht auf einem ganz modernen Sprachgebrauche des Wortes „bergen". Allerdings finden sich in den Glossensammlungen unter den mit Burg zusammengesetzten Worten manche, die nicht auf die Befestigung der Burg hinweisen. Das ist aber bei der Art und Weise, in der die Glossatoren gearbeitet haben, leicht erklärlich. Nachdem die Übersetzung civitas und urbs = burc überall Beifall gefunden hatte, erklärte man rein mechanisch durch mit burc zusammengesetzte Worte die Begriffe des römischen municipalen Lebens, indem man die ursprüngliche Bedeutung von burc dabei völlig vergaß. Grade die Glossen aber, die unabhängig von der Glosse civitas = burc entstanden sind, zeigen auf's klarste, daß der Schutz, die Verteidigung die Hauptaufgabe der Burg war, z. B. die Glosse testudo = sciltburg.[5] Beweisend ist ferner der Umstand, daß auch castrum, castellum durch

[1] Gl. II. p. 102.
[2] Gl. II. p. 22, 315.
[3] Gl. II. p. 121.
[4] Waitz, Jahrb. a. a. O. p. 234.
[5] Graff, Diutiska II. p. 185.

burc[1] übersetzt wird. Endlich ist aber zu verweisen auf die Bedeutung des vom deutschen „burg“ abgeleiteten lateinischen Wortes „burgus“,[2] das in den älteren Stellen, in denen es vorkommt,[3] immer einen befestigten Ort, ein castellum parvulum, wie Vegetius sagt, bezeichnet. Deshalb ist auch burgus von Papias mit *πύργος* glossiert. Noch bei Orosius[4] und Fredegar[5] hat das Wort seine alte Bedeutung „befestigter Ort“ behalten, erst bei Liutprand[6] bezeichnet burgus keinen befestigten Ort, sondern hat eine ähnliche Bedeutung wie das italienische „borgo,“ „offener Ort“ angenommen.

Wenn wir aber die Waitz'sche Ansicht verwerfen und als Hauptcharakteristikum der Burg die Befestigung ansehen, so folgt daraus durchaus noch nicht, daß wir wie z. B. Grimm[7] in der Burg einen befestigten Wohnort erblicken.

2. **Das Wesen der altgermanischen Burg.** Daß die Germanen

---

[1] z. B. Otfried IV. 31_{15}: in thorfon ioh in burgin; Lucas IX. 12: euntes in castella villasque. Von demselben Stamme wie burg ist abgeleitet die gewöhnlich für castra gebrauchte Glosse heriperga (Gl. I. p. 335, 363, 448, 548, 800, II. p. 500).

[2] Daß das Wort burgus von dem deutschen Worte „burg“, nicht von dem griechischen Worte „*πύργος*“ abzuleiten ist, ergiebt der Umstand, daß das Wort erst seit dem Ende des II. Jahrhunderts und zwar zuerst an der Donaugrenze während der Gotenkriege auftaucht. Auch später findet es sich am häufigsten in den germanischen Grenzgebieten, vergl. die folgende Anmerkung.

[3] Die erste Erwähnung findet sich 185 an der Donau in Pannonien (CIL. III. 3385: ripam omnem burgis a solo extructis .... munivit). Spätere Erwähnungen finde ich 371 (CIL. III. 3653 (ebenfalls in Pannonien): hunc burgum cui nomen commercium qua causa et factus est a fundamentis et construxit et ad summam manum operis in diebus 48 ..... fecit pervenire; CIL. III. 88: fabricatus est burgus ex fundamento), ferner bei Vegetius (de re militari IV. 10: castellum parvulum quem burgum vocant inter civitatem et fontem convenit fabricari .... ut aqua defendatur ab hostibus) und in einer Constitution Justinians 534 (l. 2 § 4 C. de officio praefecti praetorio Africae (1,27): ubi custodes antiqui servabant, sicut ex clusuris et burgis ostenditur). Das Wort findet sich später häufig in westfränkischen Quellen z. B. in Urkunden Karls des Kahlen (Bouquet VIII. p. 482, 543, 618, 672 n. 60, 135, 220, 285), dagegen nur einmal in einer ostfränkischen Urkunde, vergl. Seite 101.

[4] Orosius VII. 32: Hos (nämlich die Burgunden) quondam ...... per castra dispositos ajunt in magnam coaluisse gentem atque ita etiam nomen ex opere praesumsisse, quia crebra per limitem habitacula constituta burgos vulgo vocant (vergl. Isid. Origin. IX. 2,4).

[5] Fredegar II. 46 (MG. SS. r. Merov. II. p. 68): ubi castra posuerunt, quasi burgo vocitaverunt; ob hoc nomen acceperunt Burgundiones.

[6] Liutpr. Antapodosis. 2. Edit. (1877) III. 45 p. 74: et quoniam ipsi domorum congregationem, quae muro non clauditur, burgum vocant, Burgundiones a Romanis, quod est a burgo expulsi, apellati sunt.

[7] Grimm, Gramm. II. p. 534.

gegen ummauerte Wohnsitze eine unüberwindliche Abneigung hatten, bezeugt Tacitus.[1] Noch im vierten Jahrhundert scheuten sich die in Obergermanien eingebrochenen Alemannen, die römischen Städte zu bewohnen.[2] Trotzdem werden sowohl von Tacitus wie von Cäsar oppida und castella der germanischen Stämme erwähnt. Manche derselben, wie das linksrheinische oppidum Ubiorum,[3] waren wohl kaum rein deutsche Gründungen, sondern wurden unter römisch-keltischem Einflusse errichtet, dagegen gehen die rechtsrheinischen oppida der Ubier,[4] der Sueven,[5] der Bataver,[6] sowie die castella des Vannius[7] und das Kastell bei der regia des Marbod[8] sicher auf rein germanische Gründung zurück. Daß diese oppida und castella sämtlich befestigt waren, erhellt aus dem Zusammenhange, in dem sie genannt werden. Dagegen beweist keine von den angeführten Stellen, daß sie befestigte Wohnsitze waren. Von den oppida der Britannier, die Cäsar nennt, wissen wir genau, daß sie nicht als Wohnorte, sondern allein bei feindlichen Angriffen als Zufluchtsorte dienten.[9] Offenbar waren auch die oppida der Ubier solche Zufluchtsorte.[10] Daß Tacitus unter den germanischen castella keine Wohnsitze verstand, ergiebt als wahrscheinlich jene Stelle, in der die regia des Marbod und das castellum juxta situm erwähnt wird. Das Kastell war also keine Königsburg. Die Residenz lag nicht in, sondern neben dem Kastell. Das Kastell diente nur dem Schutze das dabei liegenden bewohnten Ortes, war aber nicht selbst ein bewohnter Ort. Ebenso wird später von Gregor von Tours berichtet, König Chlogio habe bei (apud) dem Kastell

---

[1] Germania 16: Nullas Germanorum populis urbes habitari satis notum est; ne pati quidem inter se iunctas sedes; Histor. IV. 64: Muros coloniae munimenta servitii detrahatis. Die von Ptolemaeus II. 11, $_{27-30}$ genannten Städte sind bis auf zwei (*Λακιβούργιον*, *Ἀσκιβούργιον*) erdichtet.

[2] Amm. Marcellin. XVI. $2_{,12}$: nam ipsa oppida ut circumdata retiis busta declinant.

[3] Tacit. Annal. I. 36, XII. 27.

[4] Caes. d. bello Gall. VI. 10: Ubiis imperat, ut pecora deducant suaque omnia ex agris in oppida conferant.

[5] Caes. d. bello Gall. IV. 19: nuntios in omnes partes dimisisse, uti de oppidis demigrarent.

[6] Tacit. Histor. V. 19: non tamen ausus oppida Batavorum armis tueri.

[7] Tacit. Annal. XII. 29.

[8] Tacit. Annal. II. 62: inrumpit regiam castellumque iuxta situm.

[9] Caes. d. bello Gall. V. 21: Oppidum autem Britanni vocant cum silvas impeditas vallo atque fossa munierunt, quo incursionis hostium vitandae causa convenire consuerunt.

[10] Vergl. Anm. 4.

7*

Dispargum, also nicht in demselben gewohnt.[1] Erst der Verfasser der gesta Francorum hat das „apud“ in seiner Vorlage durch „in“ ersetzt.[2] Die Thatsache, daß oppida und castella der alten Germanen erwähnt werden, läßt sich also sehr wohl vereinigen mit den Berichten, daß sie keine befestigten Wohnorte kannten.

Daß diese oppida und castella identisch sind mit den Burgen, ist bei der Regelmäßigkeit, mit der die lateinischen Worte civitas, castellum etc. durch „burg“ wiedergegeben werden, kaum zu bezweifeln und allgemein anerkannt. Beweisend ist vor allem, daß auch d/s das römische Wort burgus, wenigstens in den älteren Stellen, nicht von befestigten Wohnorten, sondern von bloßen Verschanzungen gebraucht wird. Der burgus bei Vegetius[3] war ein kleines Kastell, angelegt zwischen einer Stadt und einer Quelle lediglich zu dem Zweck, eine Verteidigung des Wassers zu ermöglichen, aber keine Wohnstätte. Auch die buricae der Schweine und Schafe im Walde, deren Inbrandsetzung das alemannische Gesetz[4] verbietet, beweisen, daß man bei dem Worte „Burg“ nicht an an einen befestigten Wohnort, sondern an einen einfachen Bergeort dachte. Man verstand unter den buricae Umzäunungen im Walde, die, besonders während der Nacht, das Vieh bargen gegen Diebe und wilde Tiere.[5]

Offenbar sind unter den Burgen der altgermanischen Zeit jene großen ringförmigen Steinwälle zu verstehen, die sich noch heute in vielen Gegenden Deutschlands, besonders im Hügellande, bis in unsere Zeit erhalten haben und von denen uns Arnold[6] z. B. eine Beschreibung giebt. Spuren von menschlichen Ansiedlungen haben sich nicht in ihnen erhalten, sie dienten bloß den Einwohnern des Landes als Zufluchtsorte bei feindlichen Einfällen, sie waren, wie bereits ihr Name sagt, bloße Bergeorte in Zeiten der Gefahr.

---

[1] Greg. Turon. Histor. Franc. II 9 (MG. SS. r. Merov. I. p. 77): apud Dispargum castrum habitabat quod est in terminum Thoringorum.

[2] Liber Hist. Franc. 5 (MG. SS. r. Merov. II. p. 245): in Disbargo castello in finibus Toringorum.

[3] Vergl. Seite 98 Anm. 3.

[4] Pactus Alamann. fragm. V. 3 (LL. 4⁰. Tom. V. Pars I. p. 26): Si quis buricas in silva tam porcorum quam pecorum incenderit, 22 solidos conponat. Die Lesart buricas ist von K. Lehmann als die richtige festgestellt. Die Lesart burias, die man mit unserem Worte „Bauer“ (das Bauer) in Verbindung gebracht hat, ist zu verwerfen.

[5] Noch heute finden sich auf den friesischen Inseln (Sylt, Föhr u. s. w.) Erdringwälle, vom Volke „Burgen“ genannt, die früher zur Bergung des Viehes bei Hochfluten dienten.

[6] Arnold, Deutsche Urzeit p. 300 f.

Oft war der Name einer Burg abgeleitet von dem Namen des Gaues,[1] in dem sie lag. Sie war die Burg des Gaues, der Zufluchtsort der Gaubewohner in gefahrvollen Zeiten. Dem Hohsegau entspricht eine Hohseburg, dem Dersagau eine Dersaburg u. s. w. Auf das Bestehen einer Grabfeldburg weist jene einzige Quellenstelle in Deutschland aus der Karolingerzeit, in der sich das Wort burgus findet. Es wird 812 dem Kloster Fulda Besitz in pago Grapfeldo in loco qui dicitur Munirichesstat in orientali parte Grapfeldono burgi[2] geschenkt. Waitz[3] meint, daß burgus hier die Bedeutung „Gau" hat. Dagegen spricht entschieden der Umstand, daß die Bezeichnung des Gaues, in dem der Ort liegt, schon vorher erfolgt ist, vor allem aber wird die Waitz'sche Vermutung widerlegt durch den Umstand, daß der Ort Munirichesstat, das heutige Städtchen Münnerstadt in Unterfranken, gar nicht im östlichen Teil, sondern nahe der Südwestgrenze des Grabfeldes liegt. Offenbar ist unter dem Grapfeldonus burgus nichts anderes als eine Grabfeldburg zu verstehen, an deren Ostseite der Ort gelegen ist.

Außer burc findet sich nur einmal das deutsche Wort hac für urbs angewandt in der hrabanisch-keronischen Glosse,[4] offenbar aber nur deshalb, weil der Verfasser für die beiden römischen Worte civitas und urbs auch zwei deutsche Worte setzen wollte. Die Glosse urbs = hac war eine reine Verlegenheitsglosse. Nie findet sich civitas oder urbs durch wîch erklärt. Wîch wird, ebenso wie got. veihs für *κώμη* steht, in den Glossensammlungen regelmäßig zur Erklärung des lateinischen Wortes vicus herangezogen.[5] Aus den beiden einzigen Stellen, in denen es bei Otfried vorkommt,[6] läßt sich nichts über die Bedeutung des Wortes herausnehmen. Wîch bedeutet offenbar nur „Ort", „Dorf", nicht aber einen befestigten Ort.[7] Übrigens ist die Endung wic nur bei einigen Orten (Brunswic, Bardaenowic) auf das Wort wîch „Ort" zurückzuführen. Der Ort Schleswig (Sliaswich) trägt seinen Namen wahrscheinlich von wik „Bucht". Er liegt an der Bucht, die die Schlei (Slia) genannt

[1] Vergl. v. Richthofen, Zur Lex Saxonum p. 396—398.

[2] Dronke n. 275 p. 138.

[3] Waitz, Heinrich I. p. 234 Anm. 1.

[4] Gl. I. p. 268.

[5] vicos uuicha (Gl. II. p. 513, 543).

[6] Otfried II. $7_{,48}$; IV. $5_{,38}$.

[7] Über die Bedeutung von wîch vergl. vor allem die Mitteilung von Windisch bei Kuntze, Die deutschen Stadtgründungen p. 47 Anm. 5.

wird.[1] Auch der Name Hamwig, den Hamburg bei Nithard trägt,[2] ist jedenfalls zu erklären aus der Lage des alten Hamburg an der Alsterbucht und nicht aus dem Gegensatze zwischen dem unbefestigten Burgflecken, dem vicus Hamburg, und dem befestigten castellum oder der civitas Hamburg.[3]

[1] Schleswig wird übrigens an der ältesten Stelle, wo es vorkommt, bei Einhard, Sliesthorp genannt (Annal. Einh. 804, 808; MG. SS. I. p. 191, 194).

[2] Nithard IV. 3 p. 47.

[3] Die civitas und der vicus Hamburg werden genau unterschieden in der Vita s. Ansgarii 16 (MG. SS. II. p. 700): arrepta civitate et omnibus, quae in ea vel in vico proximo erant.

Kolibri 360 GmbH
Ferdinand-Jühlke-Straße 7
99095 Erfurt, Deutschland
produktsicherheit@kolibri360.de